U0303717

二十世纪人文译丛

致命的伴侣

微生物如何塑造人类历史

〔英〕多萝西·H.克劳福德　著

艾仁贵　译

商务印书馆
SINCE 1897　The Commercial Press

DOROTHY H. CRAWFORD

DEADLY COMPANIONS: HOW MICROBES SHAPED OUR HISTORY

本书根据牛津大学出版社2018年版译出。

书中地图系原文地图。审图号：GS（2020）5211号。

商務印書館（上海）有限公司 出品
The Commercial Press（Shanghai）Co.Ltd

〔英〕多萝西·H. 克劳福德

作者简介

多萝西·H. 克劳福德，英国爱丁堡大学医学微生物学荣休教授，2007至2012年担任主管公众理解医学事务的副校长。英国爱丁堡皇家学会会士、英国医学科学院院士，2005年因其在医学和高等教育领域的杰出服务而被授予英帝国官佐勋章（OBE）。著有《隐形的敌人》（*The Invisible Enemy*，2000年）、《搜寻病毒》（*Virus Hunt*，2013年）、《癌症病毒》（*Cancer Virus*，2014年）和《埃博拉：杀手病毒传略》（*Ebola: Profile of a Killer Virus*，2016年）等众多出版物。

译者简介

艾仁贵，历史学博士，河南大学历史文化学院、区域与国别研究院副教授，河南大学"青年英才"。研究兴趣为区域国别和全球史，出版有著作和译作多部，在《历史研究》《世界历史》《史学理论研究》等刊物上发表论文40余篇。

总　序

　　"人文"是人类普遍的自我关怀，表现为对教化、德行、情操的关切，对人的尊严、价值、命运的维护，对理想人格的塑造，对崇高境界的追慕。人文关注人类自身的精神层面，审视自我，认识自我。人之所以是万物之灵，就在于其有人文，有自己特有的智慧风貌。

　　"时代"孕育"人文"，"人文"引领"时代"。

　　古希腊的德尔斐神谕"认识你自己"揭示了人文的核心内涵。一部浩瀚无穷的人类发展史，就是一部人类不断"认识自己"的人文史。不同的时代散发着不同的人文气息。古代以降，人文在同自然与神道的相生相克中，留下了不同的历史发展印痕，并把高蹈而超迈的一面引向二十世纪。

　　二十世纪是科技昌明的时代，科技是"立世之基"，而人文为"处世之本"，两者互动互补，相协相生，共同推动着人类文明的发展。科技在实证的基础上，通过计算、测量来研究整个自然界。它揭示一切现象与过程的实质及规律，为人类利用和改造自然（包括人的自然生命）提供工具理性。人文则立足于"人"的视角，思考人无法被工具理性所规范的生命体验和精神超越。它引导人在面对无孔不入的科技时审视内心，保持自身的主体地位，防止科技被滥用，确保精神世界不被侵蚀与物化。

　　回首二十世纪，战争与革命、和平与发展这两对时代主题深刻地影响了人文领域的发展。两次工业革命所积累的矛盾以两次世界大战的惨烈方式得以缓解。空前的灾难促使西方学者严肃而痛苦地反思工业文明。受第三次科技革命的刺激，科学技术飞速发展，科技与人文之互相渗透也走向了全新的高度，伴随着高速和高效发展而来的，既有欣喜和振奋，也有担忧和悲伤；而这种审视也考问着所有人的心灵，日益尖锐的全球性问题成了人文研究领域的共同课题。在此大背景下，西方学界在人文领域取得了举世瞩目的成就，并以其特有的方式影响和干预了这一时代，进而为新世纪的到来奠定了极具启发性、开创性的契机。

为使读者系统、方便地感受和探究其中的杰出成果，我们精心遴选汇编了这套"二十世纪人文译丛"。如同西方学术界因工业革命、政治革命、帝国主义所带来的巨大影响而提出的"漫长的十八世纪""漫长的十九世纪"等概念，此处所说的"二十世纪"也是一个"漫长的二十世纪"，包含了从十九世纪晚期到二十一世纪早期的漫长岁月。希望以这套丛书为契机，通过借鉴"漫长的二十世纪"的优秀人文学科著作，帮助读者更深刻地理解"人文"本身，并为当今的中国社会注入更多人文气息、滋养更多人文关怀、传扬更多"仁以为己任"的人文精神。

本丛书拟涵盖人文各学科、各领域的理论探讨与实证研究，既注重学术性与专业性，又强调普适性和可读性，意在尽可能多地展现人文领域的多彩魅力。我们的理想是把现代知识人的专业知识和社会责任感紧密结合，不仅为高校师生、社会大众提供深入了解人文的通道，也为人文交流提供重要平台，成为传承人文精神的工具，从而为推动建设一个高度文明与和谐的社会贡献自己的一份力量。因此，我们殷切希望有志于此项事业的学界同行参与其中，同时也希望读者们不吝指正，让我们携手共同努力把这套丛书做好。

"二十世纪人文译丛"编委会

2015年6月26日于光启编译馆

目　录

插图和图表

插 图

图 表

前　言

微生物大约在40亿年前首次出现在地球上，它们自人类由类人猿祖先　
进化而来起就一直与我们共存。这些微小的生物，通过殖民我们的身体深刻
地影响着我们的进化，并通过引发流行病杀死了我们的许多先辈，从而帮助
塑造了人类的历史。在大多数的共存中，我们的祖先不知道是什么原因导
致了这些"造访"，也无力阻止它们。事实上，第一种微生物仅仅是在大约
130年前才被发现，从那以后，我们尝试了许多巧妙的方法来阻止它们侵入
人体和引发疾病。尽管取得了一些令人瞩目的成就，但微生物每年仍会导致
1 400万人死亡。事实上，新的微生物正在以越来越高的频率出现，同时像
结核病和疟疾这样的老对手重新焕发了活力。

本书探讨了微生物的出现与人类的文化演进之间的关联，将重大流行病
的历史记录和对致病微生物的最新了解结合在一起。在当代社会和文化事件
的背景下，本书讨论了它们的影响，以说明它们为什么出现在人类历史的特　
定阶段，以及它们是如何造成如此大的破坏的。

我们从21世纪的第一场大流行SARS（严重急性呼吸综合征）开始，然
后回到微生物的起源，看看它们是怎样进化到如此容易地在我们之间感染和
传播的。我们由此追溯人类和引发"瘟疫"的微生物之间从古代到现代的相
互联系的历史，找出人类文化从狩猎采集者到农民再到城市居民的变化的关
键因素，而这种变化使我们容易受到微生物的攻击。

最后几章力图阐明现代的发现和发明如何对当今的全球传染病负担产生

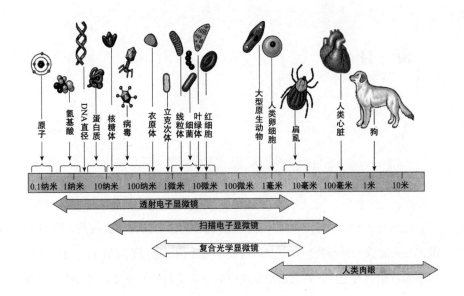

图0.1　生物体及其组成部分的相对大小

（资料来源：J. G. 布莱克：《微生物学的原理与探索》，第5版，2002年，图3.2。
使用得到约翰·威利出版公司的许可）

影响，并追问在一个越来越拥挤的世界里，我们如何能够克服新兴微生物的威胁。病原微生物会被"战斗到底"的策略"征服"吗？或者是时候对这个问题采取更加以微生物为中心的观点了？我们对微生物环境的持续破坏将不可避免地导致与更多微生物的冲突，但既然已经意识到问题的严重性，我们就肯定能找到一种与这个星球上的微观同居者和谐相处的方式。

　　在本书中，"微生物"一词适用于任何微观的生物体，它可以是细菌、病毒，或者原生动物（图0.1）。真菌也被包括在内，因为尽管它们的营养生长通常是肉眼可见的，但是将它们从一个宿主传播到另一个宿主的孢子却是微乎其微的。这些微小的生命形式都没有大脑，尽管它们常常显得很有创造力和操纵力，但它们却没有思考和计划的能力。通常归因于它们的人类特征实际上是由其快速适应环境变化的能力产生的。然后，"适者生存"的自然过程确保了最佳适应者的繁荣昌盛，以至于它们似乎真的在等待一个合适的宿主，进行"瞄准""跳跃""进攻"和"入侵"。尽管这些描述似乎很贴切，并在本书的行文中多次被用来阐明微生物的生命活动，但实际上微生物并没有恶意预谋的能力。

　　书中使用的科学术语已经尽可能地在正文中给出了定义，但在结尾还有一个术语表，提供了更多的信息。

致　谢

xiii　　　　如果没有许多友人的帮助和支持，本书是无法写成的，在此我对他们深表感谢。我要特别感谢编辑拉莎·梅隆的帮助和鼓励，以及以下同行提供的权威信息和建议：塞巴斯蒂安·阿米耶斯教授（抗生素耐药性）、提姆·布鲁克斯博士（鼠疫）、海伦·拜纳姆博士（历史事件）、理查德·卡特教授（疟疾）、加雷斯·格里菲斯博士（马铃薯枯萎病）、加藤史郎教授（日本文化史上的天花）、弗朗西斯卡·穆塔皮博士（血吸虫病）、巴拉克里什·奈尔博士（霍乱）、托尼·纳什教授（流感）、理查德·沙托克博士（马铃薯枯萎病）、杰夫·史密斯教授（天花）、约翰·斯图尔特博士（细菌）、苏·韦伯恩博士（锥虫病）、马克·伍尔豪斯教授（流行病学）。此外，我感谢以下人士阅读并评论了这份手稿：丹尼·亚历山大、威廉·亚历山大、马丁·奥尔迪、罗伊娜·阿南德、珍妮·贝尔、凯茜·博伊德、罗德·达利兹、安·古思里、英戈·约翰内森、卡伦·麦考莱、J. 阿尔罗·托马斯。

　　　　我还要感谢英戈·约翰内森博士进行的病毒学研究，约翰和安·沃德组
xiv　织了对亚姆村的访问，伊莲·埃德加做出的文学研究，安东尼·爱泼斯坦爵士提供了有关天花病历史的研究便利，以及塔斯尼姆·阿齐姆博士接待了我对孟加拉腹泻疾病国际研究中心的访问。

　　　　最后，我要感谢爱丁堡大学给予我教师休假年以便开展研究和撰写手稿。

导　论

当SARS于2003年袭击这个毫无戒备的世界时，新闻界无须对此进行渲染或修饰。这个真实的故事无疑可以与任何现代惊悚片相媲美：在中国南方的开阔地带有一种不受限制的神秘杀手病毒，在人体孵化器中被无辜地运送到中国香港的国际发射台上。病毒从那里飞向世界各地，感染了27个国家的8 000多人。在四个月后该病毒最终得到控制之前，有800多人死亡。

整个令人震惊的事件始于2002年11月，当时中国广东省佛山市暴发了一场难以医治的"非典型肺炎"。到2003年1月，省会广州也出现了类似病例。病毒很可能是由一名旅行的海鲜商人带到那里的，这名商人被送进该市的医院并在当地引发了一场大规模的疫情。在这场流行病开始三个月后，世界卫生组织（WHO）得知了这一消息，当时已经有302例病例，至少有5例死亡——此时为时已晚，无法阻止其滚雪球般地失控。

起初，该微生物只在中国内地传播。但在2003年2月，一位在广州一家医院工作的65岁医生到香港参加婚礼之后，它走向了全球。这位医生住进了京华国际酒店9楼的911房间，截至24小时后他被送进医院时，已经感染了酒店内的至少17人。这些人随后前往了不同的目的地，携带病毒进入5个不同的国家，并在越南、新加坡和加拿大引发了重大流行病。随着他们在医院、诊所、酒店、工作场所、家庭、火车、出租车和飞机上传播病毒，感染链进一步扩大，仅其中一名携带病毒的乘客在一架航班上就感染了其他119名旅客中的22人。

　　SARS开始时是流感样疾病，但在一周之内没有好转，而是发展成肺炎。由于病毒定植在肺的气囊中，破坏了它们脆弱的衬里并使之充满了液体，患者开始发烧，呼吸越来越困难，并伴有持续的咳嗽。等他们寻求医疗帮助时，许多人呼吸极度困难，立即被送往重症监护室进行机械通气。咳嗽会产生一股携带病毒的细小飞沫，所以附近的任何人都有感染的危险。家庭成员处于高风险之中；在意识到危险之前，许多医护人员在清理呼吸道、人工通气和抢救患者的过程中被感染，这造成医护人员也在伤亡者之列。

　　一位年轻的香港居民，在感染SARS病毒的那位医生住院的当天，前往京华国际酒店拜访了一位朋友。后来，他被送往香港威尔士亲王医院，在那里他引起在医生、护士、学生、病人、来访者和亲戚中的疫情暴发，最终导致了100起感染病例。其中一位感染者将病毒携带到香港的私人住宅区淘大花园（Amoy Gardens），病毒在那里像野火一样蔓延开来。该住宅区中有300多人感染了该病毒，其中42人死亡。尽管SARS病毒主要通过飞沫传播，但该病毒也会通过粪便排出体外，由于大多数SARS患者出现水样腹泻，消化道传播成为另一种可能的感染途径。事实上，腹泻是淘大花园SARS患者的一个显著特征。一些专家认为，这一前所未有的发病率是由部分堵塞的污水系统引起的，再加上卫生间里的强力排气扇，在通风井中产生了一股不断上升的受污染的热气流，这些气流蔓延到整个大楼的生活区。[1]因此，疫情在香港流行开来，在它得到控制之前，感染了大约1 755人（图0.2）。

　　与此同时，该病毒传播到了美国和加拿大，其病原体直接源自香港京华国际酒店。尽管它没有在美国扩散，但在医生对此有所意识之前，该病毒在多伦多就已经扎根了。前10例中有6例来自一对老年夫妇的家庭，他们在香港探望儿子时住在京华国际酒店（9楼）。他们的家庭医生成为第七位受害者，尽管她康复了，但一位老人恰巧同时在这家医院的急诊室中感染了病毒并死亡。[2]该微生物随后被带到大多伦多地区，感染了438人并导致其中43人死亡，最后才停止传播。

　　与越南河内越法医院无国界医生组织合作的世界卫生组织传染病专家

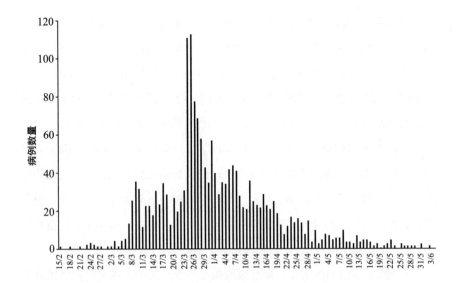

发病日期（2003年）
图0.2　SARS在中国香港
（资料来源：I. T. S. Yu、J. J. Y. Sung：《严重急性呼吸综合征（SARS）在中国香港暴发的流
行病学研究——我们知道的和我们不知道的》，载《流行病学与感染》，
剑桥大学出版社，第132卷，2005年，第781—786页）

卡洛·乌尔巴尼博士，是最早认识到SARS病毒是一种新型危险传染病并注意到其在医护人员中具有高感染率的人之一——在河内前60例病例中医护人员的感染占30例。通过向全世界发出危险警告，他们呼吁在全球范围内采取必要的预防措施，但遗憾的是，这对乌尔巴尼博士而言为时已晚。在从河内飞往曼谷的航班上，他出现了不祥的症状，并在抵达曼谷时向当局发出了警报。他在曼谷医院的一间临时隔离室中与病毒搏斗了18天，在3月底去世。[3]他的5名同事也成为该疾病的受害者。

　　世界卫生组织在3月12日发布全球卫生警报，促使长期未使用的传统公共卫生措施开始付诸行动。这些措施包括对SARS病例进行例行隔离并对接触过病例的所有人进行隔离检疫以防止其在医院传播，同时对出入境人员实施旅行限制以阻断该微生物在社区的传播。通过这些预防措施，加上引人注目的媒体宣传活动，这场流行病在2003年7月得到控制。但是，在整个事件结束之前，出现了最后一根尾刺。2003年底，该病毒被传染给了两名实验室工作人员，一名在新加坡，另一名在中国台湾。幸运的是，这些感染并不是致命的，也没有进一步传播。随后在2004年春天，又有两名实验室工作人员感染SARS，这次是在北京，导致了另外6例病例的暴发并致1人死亡。

截至大流行结束，已有涉及32个国家的8 000多例SARS病例和800多例死亡病例。受影响最严重的中国，占全球病例数的三分之二，死亡人数的三分之一。尽管死亡人数众多，但对于那些努力控制该微生物的人来说，整个事件必须被看作一场胜利；因为情况本可能会糟糕得多。事实上，它造成的损失估计达1 400亿美元，主要是因为减少了去往亚洲的旅行和投资。

与为了遏制SARS病毒传播而采取的那些听起来相当古老的隔离措施形成对比的是，21世纪的分子技术被用来搜寻该疾病的罪魁祸首，并以惊人的速度完成了搜索任务。2003年3月底，一种冠状病毒（由于它的冠状结构而得名）通过基因测序在SARS受害者身上被鉴定出来，并在4月中旬被确认为病因，此时距那名香港医生开始其全球传播仅仅过了两个月。

如今，一种全新的人类微生物（比如SARS冠状病毒）极有可能成为人畜共患病，该动物微生物已从其天然宿主转移到人类身上。由于广东省的早期SARS患者中三分之一以上是食用或饲养动物者，因此科学家们前往广东的农贸市场寻找其源头，活体野生动物在那里被出售以供餐桌使用。借助分子探针，他们在一些物种身上发现了一种类似SARS的冠状病毒，该病毒与这场大流行的病毒株几乎相同，但最常见的是在该地区养殖的喜马拉雅果子狸（猫鼬家族的一员）身上被发现。[4]幸运的是，这些动物在野外并不十分常见，但许多专家怀疑它们并非该病毒的天然宿主。事实上，后来发现中华菊头蝠是SARS冠状病毒的主要宿主，而果子狸充当了中间宿主，将该病毒传播给了人类。

血液检验显示，13％的广东农贸市场经销商和动物饲养者曾感染过SARS病毒[5]，这表明该冠状病毒以前曾经转移至居住在这一地区的人类身上，并暗示它有可能再次发生。事实上，2004年1月在中国出现了4例新病例，尽管他们的症状相对较轻并且没有进一步传播，但这提醒人们该病毒仍在那里等待下一次突袭的机会。

　　SARS病毒是21世纪的第一种引起大流行的微生物，但肯定不会是最后一种。自从30多年前 HIV病毒（人类免疫缺陷病毒）出现以来，我们目睹了越来越多的新微生物，现在它们以平均每年一次的频率袭击我们。虽然SARS大流行可能是未来的预演，但它也让我们看到了我们的祖先几千年来所遭受的苦难：致命的微生物突然冒出，不加选择地肆意杀戮并散布恐惧和恐慌，引发无法预料的流行病。我们很幸运地知道如何阻止SARS，但正如本书所说明的那样，我们的先辈并没有那么幸运，其后果有时是毁灭性的。在后面的章节中，我们将研究众所周知的流行微生物（比如鼠疫和天花）以及不太知名的杀手（比如锥虫和血吸虫病寄生虫）。我们将看到这些微生物和其他微生物是如何以及为何在人类历史的不同阶段崛起的，以及它们对我们祖先生活的深远影响。但首先需要回到时间的开端，去追踪杀手微生物（killer microbes）的起源与进化，看看它们如何传播并入侵我们的身体，以及我们的免疫系统如何应对这一挑战。

第一章　一切是怎样开始的

当我们的太阳系在大约46亿年前初次形成时，地球是一个非常不适宜居
住的地方。就像今天的金星一样，那时的地球灼热无比，二氧化碳气体从熔
融的岩石中冒出来，溢满了大气层，造成了巨大的温室效应，几乎蒸干了这
个星球。在那样的条件下，任何生物都无法生存。但当地球在不到40亿年前
冷却到足以使水蒸气液化时，生命就出现在了这个星球上。但这个生命不是
我们今天所知道的生命，而是分子，它们可以复制产生具有遗传特性的子分
子。从分子开始，达尔文所说的进化已经开始启动，并最终进化出了微观的
单细胞生物。

这些早期生命形式不得不承受地球上高挥发性的有毒气体，它们来自火
山喷发、剧烈的电风暴和未屏蔽的太阳紫外线，所有这些都会产生不受控制
的电化学和光化学反应。此时的微生物可能类似于今天的"极端微生物"，
之所以这样称呼它们是因为它们在全球所有环境极度恶劣的角落都能茁壮生
长。极端微生物栖息在酸性湖泊、高盐盐沼和从最深的海沟底部的热液喷口
喷出的过热水中，它们能在高达115℃的温度和250个大气压的压力下生存。
它们被埋在极地冰盖4公里深的地方，以及潜伏在地下10公里的岩石中。事
实上，生命有可能是从地下深处岩石中的微生物开始孕育的，那里的热量很
高，有充足的水和化学物质储备来启动整个过程。

极端微生物通常聚集在被称为叠层石的珊瑚状结构中，由于它们从外观
看像门垫，也被称为微生物"垫"：扁平、棕色、多毛。它们是相互依存的

微生物群落繁衍生息的家园，每个微生物群落都利用彼此的废物在自我维持的食物链或微生态系统中产生能量。今天，微生物垫仍可以在世界的各个角落看到，例如在美国怀俄明州的黄石公园、墨西哥北部由古老含水层提供水源的湖泊以及澳大利亚的西海岸，这些地方的水富含化学物质，并且不受其他生命形式的干扰。在这些地方发现的古代层状岩石结构被认为是太古宙时代（25亿至40亿年前）主导水生生态系统的叠层石化石遗迹的代表。

在大约30亿年的时间里，细菌遍布了整个地球，它们多样化地占据了每一个可能的生态位。在这一阶段，大气中没有氧气，细菌利用硫、氮和铁的化合物，进化出许多不同的方式来释放束缚在岩石中的能量。然后，在大约27亿年前，一群被称为蓝细菌（以前被称为蓝绿藻）的革新微生物学会了光合作用，它们利用阳光将二氧化碳和水转化为富含能量的碳水化合物。其结果是，氧气作为这一反应的副产品在地球的大气层中缓慢累积。对于早期生命形式来说，氧气起初是有毒气体，但后来其他机敏的细菌发现它可以用于产生能量。氧气所产生的这些新能源丰富到足以支持更复杂的生命形式，但是多细胞生物的出现必须要等待真核细胞的进化。

细菌是原核生物，这意味着它们的细胞比所有高等生物（真核生物）的细胞都要小，结构更简单，且缺少真正的细胞核。但在大约20亿年前，一群独立生存的光合蓝细菌在其他原始的单细胞生物体内定居，形成了能产生能量的第一代植物细胞叶绿体。在一种类似的非凡操作中，被称为α-变形菌的微生物利用氧气融入其他微生物，成为线粒体，这就是动物细胞的动力源泉。

最后，在6亿年前，由真核细胞组成的多细胞生物的进化，以及我们今天所知的动植物的最终出现，都已经做好了准备。但是与多样性的细菌相比，不管看起来有多么不同，所有其他的生命形式都是同质的，它们都被锁在同一个生化循环中进行能量生产，植物进行光合作用需要阳光，以产生氧气供动物呼吸。我们仍然依赖细菌（以叶绿体和线粒体的形式）进行这些反应，并依赖自生细菌进行所有其他必要的化学过程以维持地球的稳定。这些细菌循环利用各种对地球生命至关重要的元素，这些元素也是我们平衡的生态系统的核心，从而在植物、动物与环境之间构成了复杂的相互依存关系。

尽管细菌是最早在地球上居住的微生物，但它们并不是唯一的微生物。单细胞原生动物，包括引起疟疾的疟原虫，或许是最早和最简单的动物生命形式，而最微小的微生物，即病毒，可能也是几百万年前进化出来的。病毒已经多样化地感染了包括细菌在内的所有生物，但它们究竟是如何和何时产生的尚不可知。病毒的遗传物质由DNA或RNA组成，大多数只编码200种蛋白质，不能单独生存。因此，病毒是专性的寄生物，只有当病毒破坏了宿主细胞后，它们才能存活。一旦进入宿主内部，它们会把细胞变成病毒生产工厂，数小时之内成千上万的新病毒就可以感染更多的细胞或寻找另一个宿主进行定植。

也许是因为过于微小，如今微生物似乎被更大的生命形式所掩盖，但它们仍是迄今为止地球上最丰富的生物，其数量是所有动物总量的25倍。微生物有超过100万种不同的类型，大多数是无害的环境微生物。它们存在于我们呼吸的空气、喝的水和吃的食物中；当我们死去时，它们开始分解我们。每吨土壤中含有超过1万兆（10^{16}）个微生物，[1]其中许多微生物被用于分解有机物质以生成植物所需的硝酸盐；固氮细菌每年将1.4亿吨大气氮再循环回土壤中。

细菌和病毒也是海洋生态系统的重要组成部分，是迄今为止海洋中最多的生物量。每毫升海水中至少有100万种细菌，在分解有机物的河口水域细菌含量最高。海洋病毒通过感染和杀死这些细菌来控制它们的数量，特别是当它们经历种群爆炸并产生藻华的时候。在沿海水域，病毒的数量大大超过细菌，每毫升海水中病毒的数量约1亿个，海洋中病毒的总数量达到令人难以置信的4×10^{30}个。尽管它们很小，但如果将它们端对端放置，其长度达1 000万光年，是银河系宽度的100倍。[2]

作为独立生存的有机体，细菌拥有独立生长和分裂所需的所有细胞机制。它们的长度在1至10微米之间，大多数含有一条染色体。当被拉伸时，这种盘绕的环状DNA分子长度约为1毫米，携带多达8 000个基因，这些基因编码了细菌独立于其他生命形式生存所需的所有蛋白质。细菌通过二分裂进行繁殖，其过程即复制它们的染色体DNA，然后简单地一分为二。霍乱弧菌作为生长速度最快的细菌之一，每13分钟可以完成一次这一壮举，即使是像麻风分枝杆菌这样生长最慢的细菌，每14天也能将数量翻一番。在理想的条件下，一个细菌在3天内可以产生一个比地球还重的菌落[3]；但幸运的是，迄今为止条件还远远不够理想！

细菌是生存大师，适应性是它们成功的关键，当不利的条件出现时，它们通常已经准备就绪。从理论上讲，通过二分裂繁殖产生的后代都与亲代完全相同，这一过程显然没有留下可变性的空间。尽管它们的DNA复制机制是准确的，但错误还是会发生，而这些错误将通过细胞校对系统进行纠正。即便如此，偶尔的错误也会在未被注意的情况下从眼皮底下溜走，这些遗传密码的可遗传变化（突变）可能会导致其后代发生变化。这是自然选择进化的基础。在人类和其他动物身上，由于我们的世代时间很长，进化变化是一个缓慢的过程；但对于繁殖速度非常快、DNA校对系统效率较低的细菌来说，突变带来的快速变化是它们的生命线。单个细菌基因在每$10^4 \sim 10^9$次细胞分裂中会发生一次突变，因此在一个快速分裂的菌落中可以产生成千上万个突变体。这些突变中的一些突变被赋予了生存优势，这些后代将很快超越其竞争对手，逐渐主宰整个种群。

细菌还有其他一些技巧可以帮助它们迅速适应不断变化的环境，这主要涉及基因交换。许多细菌包含质粒，即生活在细菌细胞体内但与染色体分离并独立分裂的环状DNA分子。它们为宿主细菌提供额外的生存信息，在结合过程中可以直接从一种细菌传递到另一种细菌。这涉及一种被称为"性菌毛"的细丝的生长，该细丝在供体（雄性）细菌和邻近的受体（雌性）细菌之间起到临时桥梁的作用，使质粒可以自由进入，并允许生存基因在细菌群落中迅速传播。一些编码抗生素抗性的基因，使细菌能够在抗生素治疗时存活下来，它们被携带在质粒上，并可以在世界范围内成功地传播。

基因在细菌之间转移的另一种方式是使用被称作细菌噬菌体的病毒，该病毒简称噬菌体。所有的病毒都是细胞寄生虫，噬菌体控制了细菌的蛋白质合成机制，产生了数千个自己的后代，其中大多数携带着与母体噬菌体相同的DNA副本。但是，大约有百万分之一的噬菌体错误地从细菌染色体或驻留的质粒中提取了额外的DNA片段，并将其携带到下一个感染的细菌中。如果这条额外的DNA片段编码了一种可以提高存活率的蛋白质，那么自然选择将确保受体细菌的后代能够以牺牲其他细菌为代价而繁衍生息。

有时，噬菌体与其宿主细菌可以建立起长期的共生关系，噬菌体被安全地收容在细菌内部，而这个细菌反过来又被保护免受其他更具破坏性的噬菌体的感染。值得注意的是，在白喉感染期间可能对心脏和神经产生致命损害的毒素，以及引起灾难性腹泻的霍乱毒素，它们都是由驻留在细菌中的噬菌体而非细菌本身编码的。如果没有它们的噬菌体，白喉棒状杆菌和霍乱弧菌是无害的。

在遥远的过去的某个阶段，一群足智多谋的微生物在其他生物体内或身上找到了一个生态位，并进化为寄生宿主物种。从那时起，为生存而开展的斗争塑造了双方的进化。有时，会形成一种舒适的共生关系，例如，在宿主肠道内形成自我维持生态系统的微生物群落。对于像牛这样的反刍动物，这种伙伴关系的优势是显而易见的；当微生物消化植物细胞壁中的纤维素时，它们浸入营养液中以免受外界的影响，而牛本身无法做到这些。然而，在人类中，肠道微生物的功能尚不清楚。我们每个人最多可容纳10^{14}个微生物，总重量约1千克，与我们自己的身体细胞的数量之比为10:1。到目前为止，已经发现了400多种可以保护我们免受毒性更强的微生物攻击的不同物种，它们帮助我们消化并激活我们的免疫力。[4]只要我们身体健康，它们就是无害的，但如果它们成功侵入我们的组织，或许是通过手术创口，它们可能就会引起严重的感染。

在现存的大约100万种微生物中，已知仅有1 415种微生物能引发人类疾病。[5]尽管这些病原微生物对我们意义重大，但它们并不主要与使我们生病有关。有时它们产生的毁灭性症状，其实只是它们的生命周期在我们体内发生的副作用。但是，它们当然会利用感染过程的每一个步骤来确立自己的优势，自然选择确保了那些能诱发疾病模式的微生物存活下来，这些模式最适合帮助它们繁殖和传播，而存活下来的代价是牺牲它们更迟钝的同胞。因此，随着时间的推移，能诱发疾病的模式已经被进化磨砺得锐利无比，以确保致病微生物的生存。一种直接杀死受害者的剧毒的生存方式对微生物没有好处，因为这样它们将失去家园，很可能与宿主一同死亡。但是，毒性较弱的微生物有可能被宿主的免疫系统迅速征服，这也限制了它们的传播。在微生物与其人类宿主共存的许多个世纪中，进化已经微调了这两种极端情况之间的平衡，以优化两个物种的生存，但微生物的快速适应性意味着它们在持续的斗争中通常领先一步。

微生物传播

空气微生物受益于一个能够维持其日常生活的宿主，因此可以通过将微生物的后代传给其他易感宿主来保持其感染链的存活。虽然普通的感冒样病毒只会引起我们轻微的不适，但它会定植在我们的鼻腔，使我们流鼻涕，并搔痒局部神经末梢，触发我们的喷嚏反射。这一巧妙的策略产生了一股携带病毒的细小飞沫，这些飞沫在空气中停留的时间足以感染整个教室、公共汽车或挤满人的火车车厢。即使其他空气微生物（例如流感病毒和麻疹病毒）最终把我们困在床上，但在潜伏期内即疾病发作之前，成千上万的微生物已经被宿主排出体外。

引起胃肠炎的微生物找到了一种从一个受害者转移到另一个受害者的非常有效的途径，那就是通过粪便污染食物和饮用水进行传播。轮状病毒在我们的肠道内繁殖时，会杀死衬里细胞，产生既不能吸收也不能保留液体的大面积原始区域。因此，体液泄漏到肠道与饮食液体混合，引起了我们都知道并且害怕的大量水样腹泻。这种方法可以有效地将病毒冲回环境中，而每克粪便中含有大约10^9个病毒，因此微生物可以很容易找到另一种宿主也就不足为奇了，尤其是在发展中国家，那里仍有大约10亿人无法获得干净的饮用水。

有些微生物太过脆弱，无法在外界长期生存，因此必须直接从一个人传给另一个人。其中之一就是臭名昭著的埃博拉病毒，这种病毒从非洲某种未知的动物宿主感染人类。它引发了致死率极高的埃博拉病毒的爆炸性大流行，有史以来最大规模的埃博拉病毒暴发发生在2014至2016年的西非，当时它夺走了1.1万多名受害者的生命。病毒在毛细血管上穿孔，携带病毒的血液渗出到组织和体液中。当患者因高烧、剧烈疼痛、全身出血、灾难性呕吐和腹泻而病倒时，体液中的病毒会趁机传播给毫无戒备的家庭成员和医护人员。其他直接传播的微生物，例如引发梅毒和淋病的微生物，则在人类生殖道温暖潮湿的环境中找到了一个生态位，利用人类基本的生殖本能作为受害者之间传播的一条高速公路。

许多非常成功的微生物利用活的载体在宿主之间进行转运。通常，一只叮咬人的昆虫在从一个受害者身上享用血液大餐的同时摄入了该受害者的微生物，然后将其注射到下一个受害者身上。媒介传播的微生物往往具有复杂的生命周期，它们在媒介和宿主中都要经历必不可少的步骤，因此两者都会影响寄生虫的进化。人类身体中的疟原虫的生命周期已经进化到能最大限度地增加被按蚊（唯一能传播疟疾的昆虫）叮咬的机会的程度。该寄生虫定植在红细胞上，以携带氧气的蛋白质血红蛋白为食。在48或72小时后（取决于疟原虫的种类），细胞突然破裂释放出一批新的疟原虫进入血液，疟原虫食物中的废物会引起疟疾发作时特有的高烧、僵硬和不适症状。这些症状严重到能让患者卧床不起，使得正在进食的蚊子可以不受干扰地饱吃一顿血液大餐。在此情况下，躯体虚弱的症状与大量新的血液寄生虫的释放同步进行，大大提高了该微生物的存活机会。

疟疾和其他一些通过媒介传播的微生物被它们的媒介限制在热带地区，

后者需要高温和降雨才能繁殖。但是对它们所使用的媒介不那么挑剔的微生物可以传播到更远的地方。由蚊子传播的西尼罗热病毒可引起致命的脑炎，该病毒最近于1999年横渡大西洋袭击了纽约。西尼罗热病毒通常的故乡是非洲、亚洲、欧洲和澳大利亚，在这些地方它利用了一系列的蚊子作媒介。该病毒主要是一种禽类微生物，但人类在被携带病毒的蚊子叮咬后会受到感染。该病毒利用美国原始的禽类种群和人类席卷了整个北美大陆，在短短四年内抵达西海岸、加勒比海和墨西哥（图1.1）。最近，主要感染亚洲和非洲灵长类动物但也能在人类中传播的寨卡病毒，于2007年开始向西穿越太平洋（应为大西洋——译者按），2013年到达巴西。2015年，它在南美引起了一场流感样疾病的大流行，并由于能够传播给未出生的胎儿而对孕妇造成严重后果。据报道它能够引起一些先天缺陷，最常见的是小头畸形，即头部很小。该病毒现在已经将其媒介范围扩大到非热带物种，所以它得以传播到北美和欧洲。[6]

流行病

大多数病原微生物一直生活在刀刃上。它们被锁定在一个连续的感染链中；一旦链条断裂，它们就会死亡。因此，它们必须不断地从一个易感的宿主跳到另一个宿主，在宿主的免疫系统消灭它们之前进行感染、繁殖和移动。无论何时何地，只要微生物找到大量的易感人群，流行病就会发生，并能在他们之间成功地开辟出一条道路。在适当的条件下，一种微生物会在人群中感染、肆虐甚至杀戮，直到没有人可以感染为止。当所有的人都死亡或都康复并对进一步的攻击免疫时，微生物就会转移到其他地方，只有当再次有足够多的易感人群来维持感染链时它才会回来。

当一场流行病来袭时，流行病学家们会进行侦查工作，以发现病因，预测疫情规模并提出有效的控制措施。有关流行病的一个关键数字是R_0值，它代表一场流行病的基本繁殖率；也就是说，在易感人群中，每一个病例感

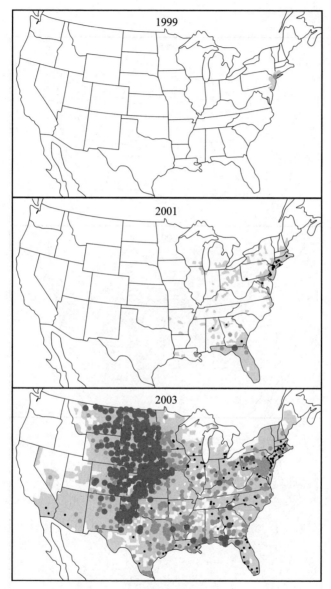

西尼罗病毒的活动区域

每百万人发病率: · 0.01—9.99　 ● 10.00—99.99　 ● ≥100.00

图1.1　1999—2004年美国本土西尼罗热的发病率

（资料来源：L.R.皮特森、E.B.哈耶斯：《1999—2004年西尼罗热在美国的传播》，
载《新英格兰医学杂志》，第351卷，2004年，第2258页）

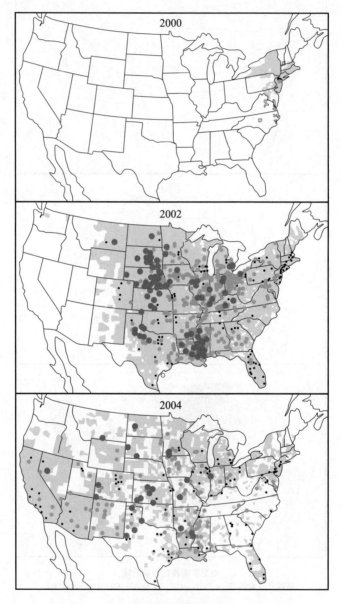

西尼罗病毒的活动区域

百万人发病率：· 0.01—9.99　● 10.00—99.99　● ≥100.00

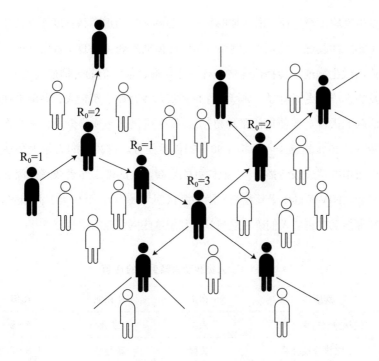

图1.2　R_0值：一场流行病的基本繁殖数

染新病例的平均数量（图1.2和表1.1）。当面临流行病威胁时，了解R_0值是很重要的，如果它大于1，则说明感染率正在增加并且很可能会发生流行病；反之，如果R_0值小于1，则感染不能自我维持，它将迅速消失。在流行病期间监测此值（现在被称为R值，即病例繁殖数）可以显示它将持续多长时间。在一场流行病暴发时，R值通常很高，然后随着越来越多的人对该病原微生物产生免疫力而下降。当它降到1以下时，每个人都可以松一口气了，因为大家知道最坏的时刻已经过去了。

微生物的R_0值囊括了构成其生命周期的整个事件链，这个生命周期从穿透和入侵宿主、感染宿主的细胞并产生后代开始，到找到返回环境的途径和定位另一个易感宿主结束。这些策略的成功不仅取决于微生物本身，还取决于其宿主种群和它们二者所生活的环境。因此，一场流行病的动力学取决

22

23   于微生物的传播途径、潜伏期的长短、易感人群的规模和密度，以及地理范围（如果涉及媒介的话）。例如，尽管性传播疾病（STD）微生物可以像空气传播微生物或水传播微生物一样广泛传播，但它们的传播速度要慢得多，涉及的人群也更为有限。典型的性传播疾病流行始于年轻人，并瞄准性生活最活跃的人群。要使R_0值平均超过1，每个病例都必须感染不止一个人，但实际上，20％的感染者承担了80％的传播任务。这20％的人是大型性爱网络枢纽中的"超级传播者"，他们可能是商业性的性工作者或者是滥交的同性恋者。HIV病毒由于其漫长的隐性潜伏期（平均为8至10年）而如虎添翼，该病毒甚至在它被人们确认之前就已利用这些网络包围了全球。

表1.1　人类和动物微生物的R_0值

病原体	宿主	所在地	R_0值
结核分枝杆菌（TB）	人类	欧洲	4～5
牛结核分枝杆菌	负鼠	新西兰	1.8～2.0
牛结核分枝杆菌	獾	英国	2.5～10
狂犬病病毒	狐狸	比利时	2～5
口蹄疫病毒（FMDV）	水牛	非洲南部	5
口蹄疫病毒	牛	沙特阿拉伯	2～73
天花	人类	英国	3～11
利什曼原虫	狗	马耳他	11
人类免疫缺陷病毒（HIV）	人类	非洲东部	10～12
非洲马瘟病毒（AHSV）	斑马	非洲南部	31～68
锥虫	牛	非洲西部	64～388

24   在所有流行病中，受害者表现出疾病严重程度的不同，有时是致命病例，有时是轻微疾病；在大多数疫情中，也有微生物在宿主身上定植而不引发任何疾病的隐性感染（silent infections，也称无症状感染）。有时，这些

隐性感染在总数中占相当大的比例；例如，在一些流感流行中，受感染的人数是患病人数的两倍，而只有不到百分之一的脊髓灰质炎的感染者患上了麻痹症。但是，由于他们仍然健康并且不知道自己具有传染性，无症状感染者成为传播给他人的一个主要来源。因此，为了计算R_0值并准确了解一场流行病的规模和进展情况，必须通过实验室测试检测病毒并考虑这些隐性感染的情况。

SARS冠状病毒对人类来说是全新的，它几乎没有时间与它的新宿主一起进化，也不太适合在人群中传播。它会产生严重的疾病，杀死10%的受害者，并以传播距离很短的黏稠飞沫传播，从而感染密切接触者。SARS受害者在潜伏期内没有传染性，康复后也不会传播病毒。除此之外，在这场大流行期间几乎没有隐性感染，R_0值介于$2\sim4$的适度范围也就不足为奇了。尽管有各种不利因素，但在超级传播者（例如香港京华国际酒店的那位医生）和快速的国际航空旅行的帮助下，这种病毒还是在全球范围内传播开来。设想一下，如果在我们还不知道如何阻止它传播的数百年前出现了该病毒，它会如何发展？它会像天花一样成为一个主要的国际杀手吗？还是会进化成一种更温和的形式，并加入到今天引起流感样疾病的病毒行列？

宿主抗性

自从智人进化以来，人类和微生物之间的斗争一直在激烈进行，而且很可能早在那之前就已经在我们的灵长类祖先中进行了。从目前的观点来看，很难看出人类是如何能够与微生物的聪明才智竞争的。但这个故事是千万年来共同进化的故事之一，它的历史被记录在我们的基因中。每当一场传染病袭击我们的祖先，它就会把最易受感染者清除，只留下抵抗力更强的幸存者将基因传给后代。因此，一步一步地，人类种群慢慢地建立了对整个病原微生物的遗传抗性，与此同时，许多微生物进化成毒性较弱的微生物。随着时间的推移，大多数传染病变得不那么严重了。现在我们都是在流行病中幸存下来的祖先的后代，他们的后代具有天生的抵抗力，正是由于他们，我们才能在这里讲述这个故事。

疟疾与遗传性血液病、地中海贫血和镰状细胞贫血之间令人着迷的关联也许最清楚地说明了抗性的演变。如果不进行治疗，导致血细胞疾病的突变对纯合子携带者（那些从双亲遗传突变基因的人）是致命的。他们本应随着时间的推移而消亡，但由于他们保护了杂合子携带者（带有一个突变基因的人）免受疟疾造成的死亡而仍保留在人类基因库中。几个世纪以来，在其他许多人死于疟疾的情况下，地中海贫血和镰状细胞贫血基因的携带者存活下来。这些基因的频率逐渐增加，直到现在，它们在疟疾流行地区或曾经流行地区的人们中间非常普遍地存在。如今，多达40%的撒哈拉以南的非洲人携带镰状细胞贫血基因，70%的巴布亚新几内亚人携带各种地中海贫血突变基因。

在人类基因组中，一定有许多类似的未被发现的基因能够产生抗性，其中大多数基因可能编码增强我们免疫应答的蛋白质，而在天花、鼠疫和白喉等杀手微生物的无情攻击下，这些抗性基因已被迫变得强大起来。通过不断挑战人体免疫系统，这些微生物已帮助我们把免疫系统打造成一种高度复杂和异常老练的战斗机器，具有快速的反应模式以阻止新的入侵者和具有防止再次入侵的记忆。

白细胞是我们免疫系统的主体。这些移动细胞有许多类型，包括多形核白细胞、巨噬细胞和淋巴细胞，它们在血液中流动并在组织中巡逻，寻找入侵的微生物并阻止它们前进。当某种微生物成功突破我们的防御系统时，多形核白细胞和巨噬细胞率先赶到现场。它们分泌一种叫作细胞因子的化学物质，这种化学物质可以增加局部的血流量，使该区域向其他免疫细胞开放。这会产生发炎区域典型的红肿症状，以及在大多数感染开始时我们所经历的非特异性流感样症状（发烧、头部和肌肉疼痛以及无精打采）。巨噬细胞是大型变形虫样细胞，可以吞噬并消化入侵的微生物。然后，满载着微生物蛋白的巨噬细胞进入局部淋巴腺,在那里它们与淋巴细胞相互作用,从而启动免疫应答的后期更为特异的阶段。

淋巴细胞是看起来无害的小型细胞,但它们组成了一支强大的军队,保护我们不受任何外来者的侵害。人体内含有令人难以置信的3×10^9个淋巴细胞,每个淋巴细胞都有自己的受体,只适合一段外源蛋白质。淋巴细胞在血液中循环并聚集在淋巴腺中,当它们遇到携带一些符合其特定受体的外源蛋白质的巨噬细胞时,淋巴细胞就会马上行动起来,生长并分裂形成一大群的克隆后代,准备对付入侵的微生物。B淋巴细胞产生清除细菌的抗体,T淋巴细胞携带可在病毒感染的细胞上打出致命孔的化学物质。随着这些免疫机制的全面启动,大多数微生物被击溃,但也有一些微生物进化出了巧妙的方法来躲避攻击或诱骗免疫系统认为它们是身体组成的一部分。例如,结核分枝杆菌通过生活在巨噬细胞中而得以存活,巨噬细胞可以吞噬但不能摧毁它们,而疱疹病毒则隐藏在长寿细胞中,通常不表达任何被免疫系统瞄准的蛋白质。如果人体的免疫力受到抑制,这些沉默的持久性微生物可能会在数年后出现。但另一方面,诸如疟原虫和锥虫等原生动物在其整个生命周期中可以改变其外壳的蛋白质组成,从而领先免疫系统一步,HIV病毒则是通过定期变异达到同样的目的。

免疫系统最有趣的一点是它能够记住过去与微生物的相遇,从而防止被同一微生物再次感染。这是通过在清除感染后保留一些微生物特异性记忆的淋巴细胞克隆来实现的,这样它们就可以在下次相遇时迅速做出反应。这可以阻止该微生物在第二次接触人体时站稳脚跟,从而解释了为什么在我们一生中每种急性传染病(例如麻疹和腮腺炎)通常只感染一次。

免疫记忆是疫苗接种的基本原理。通过使用一定剂量的灭活或减毒的病原微生物,今天我们经常人为地诱导身体做出免疫应答,就像对自然感染做出应答一样。这种做法通常可以提供终身的保护,并通过中断病原微生物的生命周期来预防流行病。但是,在我们绝大部分的历史中,感染的自然循环占据了主导地位,我们将在本书的其余部分探讨它们对人类历史的影响。

第二章　我们的微生物遗传

在大约600万至700万年前，智人及其近亲类人猿（大猩猩、黑猩猩和倭黑猩猩）从非洲的共同祖先中分离出来。只有少量零散的化石遗骸可以提供其后来通过一系列原始人进化的快照，这些原始人的姿势逐渐变得更加直立，脑容量增加，体毛脱落，手部灵巧度提高。在大约25万至180万年前的化石记录中发现的一种原始人，即直立人，放弃了雨林生活，开始在东非的开阔平原上狩猎。或许是由于气候变得更加干旱，森林减少而草原增加，这一变化最终导致他们迁出非洲；到大约170万年前，这些生物已经散布到印度尼西亚、中国和欧洲。千万年来，这些原始人成群结队地在陆地上游荡，采集果实、树叶和根茎，并使用粗糙的石器来捕猎小型猎物。

所有的动物物种都有自己的寄生虫，这些寄生虫与它们共同进化了许多个世纪，我们的类人猿祖先也不例外。他们和他们的寄生虫是非洲热带雨林平衡生态系统的一部分，只要情况保持稳定，宿主和寄生虫就可以继续一起进化，生活在共存状态下对宿主造成的问题不大。在这个阶段，不可能确切地说出这些寄生虫是什么，尽管它们可能削弱了受严重感染的个体，但它们不太可能致命。

现代人类可能在15万至20万年前在非洲进化，随后在5万至10万年前逐步外迁，并最终遍布整个现代世界。这些克罗马侬人是我们真正的狩猎采集祖先，正如他们在法国南部拉斯科洞穴的著名壁画所证明的那样，他们在技术和社会组织上都比其前辈更先进。他们用动物毛皮制作衣服和建造住所来御寒，并制作了精密的狩猎工具用以对付大型猎物，而不用担心自己被捕食。人类第一次登上食物链的顶端。

这些早期的狩猎采集者有时因其平等社会而被羡慕，他们的生活方式被理想化为"与自然和谐相处"。但是，17世纪的英国政治哲学家托马斯·霍布斯把"自然状态下的生活"描述为"所有人反对所有人的战争"，并把狩猎采集者的生活描述为"孤独、贫穷、肮脏、野蛮和短暂的"。本章探讨这些不同观点背后的真相，并考察微生物对个体和整个人类生活的影响。

顾名思义，狩猎采集者是以小团体或群体为单位生活的游牧者，他们经常忙于搜寻食物。狩猎采集者随季节变化以及畜群和作物的生长周期而移动——狩猎、诱捕、捕鱼和采集野果、根茎、树叶与种子。在它被1万年前开始的农业革命几乎完全取代之前，这种生活方式是人类在漫长时期内的常规工作。然而，仍有少数狩猎采集者部落生活在世界的偏远地区，或者至少留存于世人的记忆中。

由于没有关于古代狩猎采集生活方式的第一手书面记录（文字仅在公元前3000年左右被发明），我们必须尽可能利用从他们的定居点、洞穴住所、墓地和骨骼遗骸中收集的信息来重构它。今天仍然存活下来的少数狩猎采集部落，例如澳大利亚的土著人、卡拉哈里的桑人、非洲的布须曼人和非洲雨林的俾格米人，也提供了一些有用的信息，但由于这些部落中没有一个完全不与外界接触，所以对其微生物的研究必须谨慎。一个有前景的新研究方向是利用分子遗传探针在人类遗骸中提取微生物特有的DNA或RNA序列。尽管这些技术仍在发展中，但它们已被证明是高度灵敏的工具，可以让人们对微生物的古老历史有新的了解，并可以查明它们第一次感染人类的时间和地点。

一个典型的狩猎采集者群体由30~50人（通常是几个大家庭的成员）组成，构成一个松散的群落的一部分，这些人为了庆祝结婚或埋葬死者可能会时不时聚会，届时成员们会借此机会交换信息。每个群体都有一个明确的领地，群体的大小取决于其特定领地的食物供应情况。平均而言，狩猎采集者每人需要大约1平方英里的觅食区，因此一个群体的人数至关重要：超过某个临界点的进一步增长将是违背自身利益的，因为这将意味着为了食物而远行，并且在没有运输工具的情况下，带回其定居点的负载将变得更沉重。所以，时不时会有一个发展壮大的群体一分为二，其中一个迁移到新的领地。

狩猎采集者群体的规模小到足以使社会和政治结构变得简单和随意，大多数事务都是在个人层面上进行的。几乎每个人都在从事采集和准备食物的工作，所有人都有同样的权利获得资源。几乎不需要区分社会阶层，社会总体上是相互支持的。狩猎采集者的生活方式是，每隔几天、几周或几个月就有规律地从一个定居点迁移到另一个定居点，这取决于觅食区的食物供应情况。因此，这种生活方式适合成年人，但对老弱病残却不太适合，考古遗迹表明他们有时会被抛弃。同样地，幼儿多的大家庭也会阻碍这一群体的移动，有证据表明，杀婴通常是为了控制家庭规模，使一个家庭的孩子之间的平均年龄差维持在4岁。

一般来说，狩猎采集者看起来都相当健康。在古代和现代的狩猎采集者群体中，成员一般都很瘦很健康，尽管他们偶尔可能会出现食物短缺，但总的来说，他们营养充足。他们的预期寿命约为25至30岁，每1 000名出生婴儿的死亡率介于150~250人之间。[1]与西方国家今天的数值相比，这些数字似乎很高（西方社会的婴儿死亡率为每1 000名出生婴儿死亡3~10人，预期寿命超过70岁），但它们可以与18或19世纪以前的历史上任何时候的数值相媲美，几乎相当于今天发展中国家的最低预期寿命和最高婴儿死亡率。

骨骼遗骸清楚地表明，狩猎采集者通常不会死于饥饿、饮食不足或受伤，但不幸的是，由于微生物一般不会留下它们存在的化石证据，骨骼本身并不能很好地提供有关传染病的证据。只有少数攻击骨骼和关节的微生物（例如引起结核、梅毒和麻风的微生物）才能被确定地诊断出来，而这些微生物在古代狩猎部落中都不常见。尽管缺乏证据，但许多专家认为传染病是狩猎采集者最常见的死亡原因之一，这些疾病的性质只能通过我们今天有关感染的知识和现代分子技术对它们起源的洞察来进行推测。

如今，微生物利用了几乎所有可能的传播途径来跨越易感宿主之间的鸿沟，但是在狩猎采集者时代，由于该群体的小规模、孤立性和流动性特点，这些传播途径中有许多是将微生物拒之门外的。人们认为，引发现代典型的儿童急性流行病的空气微生物在旧石器时代并不存在。这些微生物一旦在某个群体中扎根，就可以毫无困难地侵害其成员，但是居住稀疏的小群体种群（他们只是偶尔聚在一起并可能在相隔很远的地方觅食）会阻止它们的进一步传播。因此，这些微生物很快就会失去易受感染的人群，无法维持其重要的感染链。事实上，在相对孤立的现代南美部落中，对诸如麻疹、腮腺炎和百日咳之类的急性感染的研究正好确认了这种模式。[2]这些微生物中的一种从外界抵达某个群体时会传遍其成员，但它无法传播到该地区的所有群体，也无法获得永久的立足点。

34　　然而，最近对15世纪时由欧洲探险家引入的儿童急性感染对孤立的美洲印第安狩猎采集者造成的破坏性影响的观察，可能是这些微生物以前从未感染过他们的最有力证据。美洲土著居民对这些微生物没有发展出像从前在别处相遇过程中产生的抵抗力，造成了成千上万的人丧生（见第五章）。在所有的儿童急性感染中，水痘是一个罕见的例外，它几乎肯定感染过狩猎采集者。致病性病毒水痘带状疱疹是人类从类人猿祖先那里遗传下来的古老疱疹病毒群的一种。这些病毒也包括唇疱疹和生殖器疱疹病毒，由世界最偏远部落的人携带，对人类的适应能力非常强，但几乎没有造成生命危险。它们通过躲避免疫攻击并建立持续终生的联系，克服了在人口稀少地区人群中的传播问题。这种隐性感染会被间歇性地重新激活，从而产生能确保其存活的新病毒，例如反复出现的唇疱疹。尽管水痘的表现类似于一种典型的儿童急性感染，但一旦急性疾病消失，该微生物就会隐藏在宿主的神经细胞中，并在数年后再次出现，引起一系列带状疱疹。这种讨厌的皮疹由充满病毒的小水泡组成，随时都有可能在新一代易感儿童中引起水痘流行。

对于许多微生物来说，被人类污水污染的食物和水是非常成功的传播途径，尤其是在卫生标准低的地方。由于狩猎采集者每天采集并食用口粮，没有储存食物和水的设施，粪便污染不太可能成为一个大问题。今天在非洲常见的许多大型寄生蠕虫都通过这种途径传播，并因慢性肠道出血而导致贫血。由此产生的嗜睡可能会对狩猎采集者群体造成严重的后果，但由于有效传播只发生在含有寄生虫囊和卵的粪便物质堆积的情况下，狩猎采集者的频繁移动抛弃了他们的排泄物和他们的营地，这可能保护了他们免受严重的蠕虫感染。同样的论点也适用于那些依靠老鼠、虱子和跳蚤等媒介在宿主之间转运的微生物，以及那些需要中间宿主的微生物，这些微生物也会被遗弃在一个废弃的营地，例如引起血吸虫病的寄生虫以及那些需要感染淡水螺来完成其生命周期的寄生虫（见第三章）。

35

疟　疾

到目前为止，狩猎采集者似乎很方便地避开了许多困扰后来人类的微生物，但携带飞行媒介的微生物或许可以增加它们的活动范围，这足以克服在人口稀少地区的传播问题。如今，这些疾病中最常见的是疟疾，每年约有2.12亿人感染，造成约42.9万人死亡（世界卫生组织2016年12月数据）。非洲被认为是人类的原乡，也是当今受疟疾影响最严重的大陆，长期以来人们一直认为疟疾是人类早期的灾祸。可追溯至公元前3000年的埃及木乃伊中有关于疟疾感染的确切证据（见第三章），这种疾病在编写于公元前2700年的中国的《黄帝内经》中有明确的描述，但至今仍没有可追溯至旧石器时代的记录。所以，尽管这种疾病毫无疑问是古老的，但究竟有多古老目前还不得而知。

疟疾（来自拉丁语*mal aria*，意思是"脏空气"）这个名称在19世纪被意大利人广为传播，它被用来描述困扰他们国家几个世纪的疾病，以前被称为"急性热"（ague，拉丁语*febris acuta*的缩写，意思是"急性发烧"）。因

36

为它在夏季生活和工作在彭甸沼地（Pontine Marshes）和罗马平原（Roman Campagna）的人们中最常见，所以它通常被认为是由脏空气或来自沼泽的"瘴气"所致。

疟疾可能以许多不同的形式出现，这取决于寄生虫的类型以及患者的年龄和免疫水平。在非免疫宿主中，这种寄生虫以其急性形式引发流感样疾病，并引起典型的周期性发作。每次发作时，患者体温急剧上升，但会感到极度寒冷。他们的牙齿僵硬地颤动着，无法控制地发抖，他们蜷缩起来，痛苦地抓紧毯子取暖。当发烧达到39～41.5℃的峰值时，精疲力竭的病人会突然大量出汗，体温也随即下降。嗜睡、谵妄、癫痫或昏迷的症状表明，脑血管中寄生的红细胞黏液引起脑疟疾的发病。如果不进行治疗，这种情况通常会致命，并且是该疾病急性期最常见的死亡原因。在脑部未受损的病例中，发烧持续数周或数月，随着免疫功能的增强而逐渐消退。疟原虫感染的类型决定了阵发性发作的周期是48小时（间日疟）或72小时（三日疟），有些疟原虫可以建立慢性感染，每隔多年复发一次。

在疟疾传播严重的地区，幼儿受到的影响最为严重，对疟疾的免疫力随年龄增长而逐渐增强，直到他们四五岁时才可以完全免受攻击。尽管积累速度缓慢，但在不与寄生虫持续接触的情况下，免疫力会迅速丧失。因此，任何人离开后再返回疫区，就像狩猎采集者在他们的漫游中可能做的那样，都可能受到严重的攻击。同样地，在疟疾流行地区，疟疾随雨季来临，在旱季逐渐消失，所有年龄段的人群在雨季开始时都会遭受严重的疟疾侵袭。如今，疟疾的总死亡率约为1%，但在非免疫人群的严重流行中，死亡率可能达到30%。

今天，大多数疟疾死亡发生于儿童群体，但在狩猎采集者中间，幼童的死亡对群体生存的威胁小于失去一名健硕的成年人。毕竟，幼童不参与采集或准备食物，而且可以比成年人更快地被取代。因此，对于狩猎采集者来说，最为艰巨的是慢性疟疾给成年人带来的负担。1908年，西西里岛的阿格里真托省长在谈到他的国家的这种疾病时写道：

　　　　这种疾病的巨大流行带来了最严重的社会后果，因为这种顽

　　强而持久的感染破坏了身体。疟疾导致身体衰退……它阻止了经济

　　增长，改变了人口结构……发烧会破坏工作能力、消耗能量，使人

　　变得迟钝和冷漠。因此，疟疾不可避免地阻碍了生产力、财富和健

　　康。[3]

这种长期的身体虚弱影响到受害者和整个社区，如果它广泛存在的话，则会
危及狩猎采集者群体的生存能力。

　　疟疾由一种叫作疟原虫（Plasmodium，该名字来源于希腊语，意思是
"包含许多细胞核的母体"）的原生动物引起。疟原虫是一种在两大宿主——
在主要脊椎动物宿主中为无性阶段，在蚊子媒介中为有性阶段——中具有复
杂生命周期的寄生虫。这种寄生虫可能是从一种曾经独立生存的池塘原生动
物进化而来，该原生动物已经适应了寄生于一种飞行昆虫的水生幼虫中。随
着时间的推移，这种原生动物形成了它的两大宿主生命周期，寄生在吸血昆
虫及其受害者身上。

　　引起人类患疟疾的疟原虫在1880年由法国陆军医生查尔斯·路易斯·阿
尔方斯·拉韦朗首次发现，当时他正在阿尔及尔工作，他注意到患有疟疾士
兵的血液中有一些不寻常的细胞。这些细胞中含有一种奇怪的黑色色素，当
他在显微镜下观察它们时，一些细胞膨胀并分裂，释放出十几个带有活跃鞭
毛的微小微生物。拉韦朗确信这就是疟疾的病因，但就在此前一年，一些有
影响力的意大利医生发现了一种他们声称是疟疾病因的细菌，即疟疾芽孢杆
菌，因此拉韦朗的报告受到了质疑。但是，他最终成功地说服了罗马的寄生
虫学家，让他们相信他的说法的严肃性。1884年，这些寄生虫学家也在疟疾
患者的血液中鉴定出了寄生虫。很快，人们最终理解了发烧发作周期的重要
性，把不同类型的疟原虫与两天和三天的疟原虫生命周期联系在一起，这
与从受感染的红细胞中释放出新的疟原虫相吻合。又过了20年，在印度医
疗机构任职的英国医生罗纳德·罗斯澄清了该微生物复杂的生命周期（图

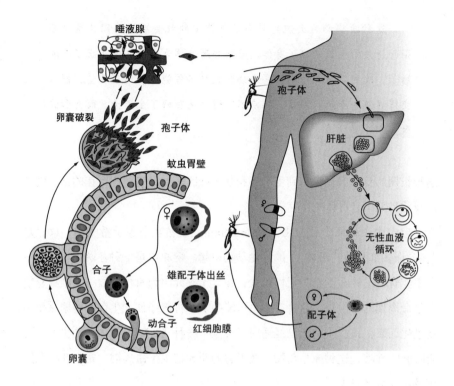

图2.1 疟原虫的生命周期

2.1）。罗斯对疟原虫传播的兴趣是由他在伦敦对著名的热带医学先驱帕特里克·曼森爵士的拜访激起的，后者在中国工作期间惊奇地发现引起象皮病的丝虫是由蚊子携带的。曼森鼓励罗斯在蚊子身上寻找疟原虫，因此在接下来的三年里，罗斯在班加罗尔和塞康德拉巴德试图在以疟疾血液为食的蚊子身上找到疟原虫。他对不同种类的蚊子知之甚少，但最终因观察到被他称为"斑纹翅膀"的蚊子肚子里的寄生虫而获得了回报。1897年，他在《英国医学杂志》上发表了一篇题为《关于在两种以疟疾血液为食的蚊子身上发现的一些特殊色素细胞》的论文。[4]但在他弄清该寄生虫的整个生命周期之前，军队把他转移到了加尔各答，在那里他的研究因当地缺乏疟疾病例而受阻。沮丧之余，他转而研究禽类中的疟疾，很快找到了蚊子传播的途径。他发现这些寄生虫在蚊子媒介的胃内进行有性繁殖，然后转移到蚊子的唾液腺，并在那里准备好注射到蚊子的下一个受害者体内。

随着禽类疟疾周期的各个步骤被解开，人类寄生虫的生命周期也很快被发现是相似的，但正是在罗马大学工作的乔万尼·巴蒂斯塔·格拉西教授确定了雌性按蚊是人类疟疾的传播媒介，从而将这一复杂谜团的最后一块拼图拼齐。当时，这些研究人员之间的竞争非常激烈，没有人知道格拉西的贡献在多大程度上受到罗斯工作的影响；很显然，诺贝尔奖委员会是这样认为的，因为拉韦朗和罗斯都因为他们的成就获得了诺贝尔奖，但格拉西却没有。

目前已命名的按蚊有近400种，其中45种是重要的疟疾传播媒介，这些按蚊的繁殖条件决定了疟原虫的全球分布。只有雌性按蚊才能传播疟疾，因为只有它们通过吸血促进产卵。雌性按蚊从受害者体内摄入疟原虫大约两周后，它胃里的疟原虫循环才能完成，因此它必须在进食后至少存活这么长时间才能传播疟原虫。对疟疾的传播来说，适当的环境温度和湿度是必要的，其传播不会在低于16℃或高于30℃的温度下发生。所有的按蚊在幼虫期都需要获得水，但它们的特定物种行为模式决定了它们能否传播疟疾。冈比亚按蚊是当今非洲主要的疟疾传播媒介，并能高度胜任传播该微生物的任务。冈比亚按蚊寿命长，特别喜欢人类的血液，生活在人类住所内和周围，在水井和水坑的死水中繁殖。在疟疾特别严重的地区，携带疟原虫的冈比亚按蚊每年可能叮咬每人约1 000次。[5]

借助这台高度专业化、移动式的注射器，疟原虫可能在旧石器时代威胁到狩猎采集者的小型迁徙群体。尚不确定冈比亚按蚊与人类的密切联系是何时开始的，可能是大约5 000年前农业在非洲出现之后。专家们认为，通过砍伐森林种植农作物，人类刺激了按蚊的种群爆炸，而这些按蚊以前曾生活在森林中倒下的树木偶尔产生的光斑中。当人类开始生活在人口相对稠密的固定农业社群时，这些蚊子终于可以完全靠人类生活，在定居点内和周围不可避免的积水中繁殖，并进化成它们现在的习性。

如今，疟原虫感染了陆地脊椎动物的所有主要类群，也感染禽类和爬行动物，它们的最古老形式被认为是恐龙疟疾寄生虫的后代。所有其他的疟原虫，包括灵长类动物的疟原虫，可能都是从这个物种进化而来的，它大约在1.3亿年前开始分化。[6] 因此，我们的类人猿祖先可能携带了原始疟原虫。但大多数专家认为，我们今天认识的疟原虫首先在撒哈拉以南的非洲崭露头角，并从那里传播到整个非洲，跨越地中海以及经陆路传播到亚洲和欧洲，后来又随着人类移民跨越大西洋传播到美洲（见第五章）。在它们传播到每个新地区之前，都有吸血按蚊的迁徙，这些按蚊自远古时代起就存在于非洲，远远早于人类的进化。

42　　寄生在灵长类动物身上的25种疟原虫中，只有4种感染人类：恶性疟原虫、间日疟原虫、三日疟原虫和卵形疟原虫，这些疟原虫可能分别在其他动物物种中进化。三日疟原虫、卵形疟原虫或间日疟原虫的感染很少是致命的，但这些寄生虫可以建立慢性感染。卵形疟原虫和间日疟原虫可以潜伏在肝脏中，并在感染后每隔两到三年重新出现，而三日疟原虫则可以引起终生复发性疾病。另一方面，恶性疟原虫不能引起慢性感染，但会引发最严重的疾病，它是当今几乎所有疟疾患者死亡的罪魁祸首，也是迄今为止非洲最常见的疟原虫类型。那么它对早期的狩猎采集者群体会产生什么影响？

尽管恶性疟原虫有毒力，但令人惊讶的是，它却不容易在人与人之间传播。它在非洲的大量传播几乎完全依赖冈比亚按蚊，因为该昆虫喜欢叮咬人类。虽然恶性疟原虫在巴布亚新几内亚、美拉尼西亚、海地和南美的一些热点地区仍然存在，但这些地区的媒介效率要低得多。大多数证据表明，今天的恶性疟原虫起源于非洲西部，但科学家们仍在努力准确地确定其时间。他们分析了人类和其他物种寄生虫基因的DNA序列，以确定它们之间的亲缘关系。科学家们利用分子钟技术（该技术假设寄生虫种类之间的遗传差异越大，它们分开进化的时间就越长）发现，恶性疟原虫与西部大猩猩的疟原虫种类关系最为密切。这项研究揭示了一个单一交叉事件的证据，由于今天大猩猩寄生虫的病毒株不会感染人类，科学家们认为转移的病毒株携带一个或多个突变基因，赋予了其感染人类的能力。[7]

为了研究今天的恶性疟原虫是何时首次出现在人类身上的，科学家们再次利用分子钟技术来获取来自世界不同地区的恶性疟原虫病毒株之间发生遗传分歧的时间。这项研究显示出，在5 000至1万年前恶性疟原虫中曾发生了一场"种群瓶颈"，表明目前全球恶性疟原虫的种群来源于当时非常小的一个种群，理论上为单一病毒株。[8]这个时间与非洲从狩猎采集生活方式向刀耕火种的农业生活方式的转变，以及与蚊媒冈比亚按蚊的进化时间相吻合，而冈比亚按蚊对于恶性疟原虫的有效传播至关重要。因此，恶性疟原虫不会影响狩猎采集者群体。

间日疟原虫是三种非恶性疟原虫中分布最广的一种，但它有着截然不同的历史，事实上在今天的非洲并不存在。起初它被认为起源于亚洲，但现代分子技术表明，它的近亲是在非洲中部的野生黑猩猩和大猩猩身上发现的。[9]最近的研究证据表明，与恶性疟原虫一样，间日疟原虫发生了一次转移事件，随后才扩散到非洲以外地区。现代的间日疟原虫一开始仅存在于非洲，直到较近的时期，可能是大约1.5万年前在上一个冰河时代结束时由于全球温度上升，它才扩散到更远的地方，对此也有充分的间接证据。[10]来自基因研究的有关证据表明，非洲西部和中部97％的人对一种被称为达菲的血型检测呈阴性，而在世界其他地区，几乎每个人都呈阳性。达菲蛋白是间日疟原虫必不可少的细胞受体，没有它，该寄生虫就不能感染红细胞。因此，间日疟原虫感染在当今的非洲西部和中部非常罕见。达菲阴性突变是无害的，但只有纯合子（带有两个突变基因）对间日疟原虫具有抗性。当突变首次出现时，携带一个突变基因的人与另一个携带突变基因的人交配产生纯合子的达菲阴性后代的几率肯定是非常小的。即使这种情况真的发生了，但当大多数下一代选择了达菲阳性配偶时，这种影响也会再次被稀释。很显然，目前达菲阴性突变在非洲处于高水平，这必定是缓慢积累的结果并承受了很大的选择压力。因此，我们得出结论，间日疟原虫自古以来就在非洲存在，且对人类的生存产生了重大的不良影响。

　　尽管不可能确切指出间日疟原虫是从什么时候开始感染人类的，但由于达菲阴性人群仅存在于非洲，因此可以合理地假设，它是在大约3万年前人类大规模迁出非洲之后以现在的形式进化而来的。根据同样的论据，由于在间日疟原虫感染人类大约5 000年的时间里世界其他地区没有发现达菲阴性突变，该寄生虫在非洲的生存时间肯定比5 000年更长。鉴于间日疟原虫可以在人体内建立慢性感染，因此它不依赖于持续的传播链，这很可能给旧石器时代的非洲狩猎采集者带来了困扰。

　　但或许最有可能感染狩猎采集者的是三日疟原虫，这种寄生虫可以感染非洲西部的黑猩猩。与不能在热带地区以外生存的卵形疟原虫不同，三日疟原虫可以在热带和亚热带以及温带地区传播。由于这种寄生虫可以在宿主体内生活一辈子，所以它无疑是最适合在稀疏的、流动的狩猎采集者群体中生存的微生物。然而，关于疟疾是否真的给狩猎采集者群体造成了重大麻烦的问题仍然没有答案，来自现代非洲狩猎采集者的证据也不能提供什么帮助。俾格米部落的疟疾发病率较低，是因为他们的镰状细胞基因疾病的发病率很高，这表明他们曾与恶性疟原虫抗争了至少5 000年。相比之下，生活在南非和博茨瓦纳卡拉哈里沙漠周围的桑人和布须曼人狩猎采集部落缺乏任何对疟疾具有遗传抗性的证据。这些部落的成员在疟疾流行地区的狩猎过程中遭受了这种疾病的严重折磨，但很难将该信息与生活在高效的冈比亚按蚊媒介不存在时期的古代狩猎采集者群体联系起来。

　　总的来说，由三日疟原虫和/或间日疟原虫引起的某种形式的疟疾影响了旧石器时代人类的生活。尽管这些寄生虫一般不会致命，但由慢性感染引起的严重嗜睡肯定会危及狩猎采集者群体的生存，他们需要所有的成年成员积极觅食。然而，显而易见的是，直到农业革命为高效蚊虫媒介的进化提供了理想条件使该微生物得以繁衍之后，疟疾才在非洲达到了目前的高水平状态。

　　一旦人类开始在东非的大草原上捕猎大型猎物，他们便进入了一个全新的环境，那里居住着大量的野生动物及其携带的寄生虫，其中一些陌生的微生物趁机在物种之间转移并感染人类。

从事捕杀、屠宰和食用野生动物的猎人一定接触过各种新的人畜共患传染病，有时它们会造成严重甚至致命的后果。例如，狂犬病病毒一般在诸如狐狸、狼和蝙蝠等野生动物身上完成其生命周期，但如果猎人被感染狂犬病毒的动物咬伤，由此引起的脑炎将是致命的。屠宰野生猎物存在感染破伤风、肉毒杆菌和毒气性坏疽细菌的危险，而这些自然存在于动物肠道中的细菌普遍都是致命的。同样地，食用生肉或未煮熟的肉也会导致摄入诸如绦虫等寄生虫卵的风险。事实上，即使在今天，在北极圈狩猎的因纽特人群体，他们的饮食以肉食为主，这些食物中存在寄生蠕虫的风险特别高。然而，每一种人畜共患传染病都是直接从其天然宿主身上获得的，不会在人类之间传播。因此，尽管它们会不时地感染某个社群内的个体，甚至可能是最活跃的猎人，但它们不太可能对整个群体的生活产生深远的影响。但是，像锥虫这样主要寄居在动物宿主体内并具有飞行媒介（采采蝇）的微生物，可能会对非洲狩猎采集者群体的健康构成重大威胁。

昏睡病（锥虫病）

尽管昏睡病（非洲锥虫病）已经在非洲流行了许多个世纪，而且确实如众所知在1374年左右杀死了马里苏丹曼萨·贾塔[11]，但有关它的最早详细描述来自20世纪初，当时一场"黑人嗜睡"的流行病席卷了非洲中部地区。该疾病非常严重，每年报告约3万例新病例，直到最近，随着持续性治疗方案的实施，这一数字在2009年降至1万例以下，2015年仅报告了2 804例（参见世界卫生组织网站）。

引起昏睡病的锥虫是一种高度活跃的原生动物，它靠附在身体一侧的波动膜和捆扎终端的鞭毛在血液中游动。其名称来源于希腊语 *trupanon*，意思是"钻孔器"，指的是它螺旋状的外观。这种疾病以一种非特异性的方式开始，包括发烧、头痛、淋巴腺肿大、皮疹和关节痛。当该微生物侵入大脑时，会引起嗜睡、困倦和昏迷，从而使该疾病得名。如果不进行治疗，昏睡病通常是致命的。大多数专家认为，狩猎采集者不可能在非洲中部的采采蝇蝇带长期生存，昏睡病引起的困扰可能是人类迁出非洲的推动力，而这一过程早于人类在欧洲和亚洲的定居大约5万至10万年的时间。

昏睡病锥虫是1902年由英国利物浦热带医学院的埃弗雷特·杜顿首次发现的。在西非冈比亚工作时，他在一名发烧但疟疾药物治疗对其无效的英国人的血液中发现了该微生物，杜顿将这种疾病称为"锥体虫热"。与此同时，乌干达暴发了一场严重的昏睡流行病，但没人将其与锥体虫热联系起来。随着疫情的恶化，英国皇家学会派遣了一支昏睡病远征队前去调查。到最后，研究小组成员未能就病因达成一致，尽管年轻的意大利细菌学家奥尔多·卡斯特拉尼确信链球菌是罪魁祸首。但是，皇家学会疟疾委员会的成员并不相信他的判断。次年，大卫·布鲁斯和大卫·纳巴罗被派往乌干达执行同样的任务。苏格兰籍的军队外科医生布鲁斯1894年曾因发现那加那病（*nagana*，祖鲁语对"情绪低落"的称呼）而出名，这种在非洲普遍流行的牛消瘦病由锥虫引起，现在被称为布氏锥虫指名亚种，它由采采蝇传播。布鲁斯和纳巴罗很快就在昏睡病患者的血液和脊髓液中发现了锥虫，通过成功地在猴子身上复制出同样的感染周期，证明了由采采蝇传播的锥虫是引发疾病的原因。与此同时，回到非洲的卡斯特拉尼也发现了锥虫，但这是一个完全独立的观察还是受到布鲁斯发现的影响尚不清楚。当然，卡斯特拉尼坚持声称这是他独立的发现。布鲁斯正确地推断出他发现的锥虫与杜顿在非洲西部发现的锥虫相同，但它以布鲁斯的名字命名，即布氏锥虫冈比亚亚种，现在已知它在整个非洲西部和中部引起了昏睡病。1910年，第三种寄生虫布氏锥虫罗德西亚亚种发现于现在的赞比亚地区，它也由采采蝇传播；这种寄生虫在非洲东部引起了昏睡病（这些名称可能会引起混淆，所以要解释一下：锥虫是原生动物的一个属，包含布氏锥虫种，其中又有三个亚种：布氏锥虫指名亚种［它引起牛消瘦的那加那病］、布氏锥虫冈比亚亚种和布氏锥虫罗德西亚亚种，后两者都能引起人的昏睡病）。

如今，昏睡病带横贯非洲中部，尽管由于动物迁徙、人类迁移和气候变化，它覆盖的区域随着时间的推移而扩大或缩小，但这种疾病从未在非洲以外地区流行。这种严格的地理限制取决于媒介采采蝇，它的繁殖周期需要非洲热带地区独特的湿热条件。采采蝇（雌雄皆然）通常完全以动物血液为食，通过气味寻找猎物。一旦发现猎物，它们能够顺着气味源行进90米到达受害者身边，吸吮受害者的血液。动物体内可能含有锥虫，但采采蝇不知道也不在乎。它们没有受到这种额外负担带来的不良影响，并且在无意中让寄生虫在肠道内繁殖，直到后者最后进入它们的唾液腺，准备注射到下一个受害者体内。在理想的条件下，采采蝇成群结队地聚集在猎物群周围，因此是锥虫的高效媒介，其在非洲牛群中的R_0值（由一个病例产生的新感染的平均数）高达388。与蚊子不同，采采蝇的繁殖周期不需要水。雌性采采蝇在体内培育单个幼虫，一直喂养到幼虫变态的最后阶段，届时把它放在地上就能立即化蛹。两周后，成熟的采采蝇破蛹而出，渴望它的第一次带血大餐。大约需要四周的时间才能产生一只成年蝇，因此采采蝇必须定期和有效地完成繁殖以维持其临界种群密度。

引发人类疾病的布氏锥虫的两个亚种在非洲大裂谷两边的地理分布和疾病表现都不同。在非洲西部，布氏锥虫冈比亚亚种引发慢性病，可能需要很多年才能杀死受害者；而在非洲东部，布氏锥虫罗德西亚亚种引发急性病，可使人在六个月内死亡。今天，这两种疾病的交汇点在乌干达，那里西北部有布氏锥虫冈比亚亚种，东南部有布氏锥虫罗德西亚亚种。

在布氏锥虫家族的三个成员中，布氏锥虫指名亚种感染野生动物和家畜，但不感染人类；非洲东部的布氏锥虫罗德西亚亚种同时感染野生动物和人类；非洲西部的布氏锥虫冈比亚亚种则主要感染人类。尽管这三种类型看起来都很相似，但分子分型显示，非洲东部的布氏锥虫罗德西亚亚种与动物中的布氏锥虫指名亚种密切相关，它一定是从后者进化而来的；事实上，单一基因的差异赋予了布氏锥虫罗德西亚亚种感染人类的能力。相比之下，非洲西部的布氏锥虫冈比亚亚种与其他两种完全不同，至今没有发现它的任何动物宿主，其来源目前也不得而知，虽然最近有人提出灌木猪是它的宿主。

当吸血的采采蝇从野生动物身上摄取布氏锥虫指名亚种并将其注射到人身上时，该寄生虫会因与人体免疫血清接触而被立即杀死。尽管这种杀戮的机制还不清楚，但在过去的某个时间，某个单一的突变就足以将布氏锥虫指名亚种转化为它的抗血清型布氏锥虫罗德西亚亚种，后者感染了今天的人类。布氏锥虫的这两种亚型可以在东非平原上从狮子到羚羊再到鬣狗的几乎所有野生哺乳动物的血液中愉快地共存，而不会给它们带来任何问题。但当采采蝇将这些寄生虫转移给人类时，只有突变的布氏锥虫罗德西亚亚种才能扎根。如果知道这种突变发生的确切时间，就可以确定人类第一次感染布氏锥虫罗德西亚亚种的日期，并可以确切地告诉我们狩猎采集者是否受到了它的影响，但目前尚缺乏这一重要信息。

大多数专家认为，我们今天在非洲东部看到的布氏锥虫罗德西亚亚种在其主要疫源地已经存在了几千年，而非洲的狩猎采集者部落在5万年前就受到该寄生虫的感染。由于非洲大裂谷既是布氏锥虫指名亚种感染野生猎物的地点，也是人类祖先的家园，这两者可能在人类进化早期就已经相遇。[12]在大约180万年前的某个关键时刻，原始人从雨林迁移至东非的开阔平原并第一次接触大型猎物群时，他们就被携带锥虫的采采蝇叮咬了。起初，血清的敏感性能保护原始人免受布氏锥虫指名亚种的感染，但随着我们的祖先成为熟练的大型猎物狩猎者，他们接触采采蝇和寄生虫的机会也随之增加，并且布氏锥虫指名亚种在某个时间发生了一次偶然的突变从而克服了它的血清敏感性，从而使新的布氏锥虫罗德西亚亚种得以在人类中存活。

布氏锥虫罗德西亚亚种已经适应了动物和昆虫宿主，在两者身上均未诱发疾病。这个生命周期是平衡的、稳定的和古老的，但当人类被携带有寄生虫的采采蝇叮咬而侵入该微生物的生命周期时，他们就没有那么幸运了。该寄生虫不适应这种"偶然"的宿主，因此，疾病进展迅速并且不可避免地致人丧命。

在大裂谷以西，锥虫的祖先必定踏上了一条完全不同的进化道路，尽管其细节尚不清楚。当原始人第一次探索东部的开阔平原时，大裂谷西部仍然被雨林覆盖，布氏锥虫冈比亚亚种的祖先可能是森林猿的寄生虫。当这种寄生虫第一次感染原始人或早期人类时，就像布氏锥虫罗德西亚亚种在东部的情形一样，必定引发了毁灭性的疾病。但是后来，布氏锥虫冈比亚亚种进化为一种人类适应的形式，抛弃了它的动物宿主，开始和它的人类宿主共同进化、互惠互利。因此，数千年来，这种寄生虫失去了毒力，如今非洲西部的昏睡病属于这种疾病中较为温和、慢性的一种。

由于采采蝇离野生猎物很近，在狩猎采集者的群体中，从事大型猎物捕猎的狩猎者面临来自锥虫的风险最大。因此，群体中最强壮、最健康和最能干的狩猎者最有可能突然患上昏睡病，先是昏昏欲睡，然后昏迷不醒并很快死去。在一个由50人组成的狩猎采集者群体中，大约有10名健康的狩猎者，失去一两个或许是可以维持群体生存的，但在非洲的昏睡病带区域，所有与受感染动物经常接触的人很可能都会受到该微生物的攻击，直到该群体没有任何熟练的狩猎者。然后，群体成员只能依靠诱捕小型猎物和觅食果蔬为生。随着赡养老弱病残负担的加重（其中大多数人有年轻的家庭需要照顾）以及为寻找足够食物而不断流动，许多受到影响的群体可能已经灭绝。在这种情况下，锥虫—采采蝇—昏睡病的致命三联体可能是导致狩猎采集者群体增长非常缓慢的原因，估计每年仅增长0.003%～0.01%[13]，这也是狩猎采集者群体最终离开非洲的原因。

在比较温暖的地区，狩猎采集者很少遇到新的杀手微生物，常驻的大型猎物群为他们提供了现成的食物供应。因此，我们的祖先进入了有着丰富食物供应和多样狩猎手段的相对健康的历史时期。但是，正如我们将在下一章中看到的那样，除了非洲以外，每个大陆上的许多野生猎物最终都走向灭绝，这很可能出自人类狩猎者之手。事实上，对非洲一些野生猎物物种的保护可能要归功于锥虫，后者把人类赶出了它的领地，从而保护了被它隐性感染的动物物种。在下一章中，我们将探讨野生动物的灭绝对我们祖先生活方式的深远影响，以及随之而来的人类传染病负担。

第三章　微生物的物种转移

通过迁出非洲定居在亚洲和欧洲，狩猎采集者远离了致命的微生物，转 54 向了更健康的生活，他们的人口也在增长。在欧亚大陆，大型猎物非常丰富，随着狩猎者使用长矛和棍棒越来越熟练，猎物很容易就可以捕获到。有一段时间，狩猎采集者群体几乎完全是食肉的，每次狩猎的收获大概够吃一个星期或更长的时间。但这种安逸的生活最终由于他们狩猎场的限制和猎物的丧失而受到了破坏。

当上一个冰河时代在公元前2万年左右开始失去其影响力时，天气变得越来越暖和、干燥，景观也随之发生了变化。随着非洲和亚洲平原逐渐干涸成沙漠，狩猎采集者部落的传统狩猎场逐渐被侵蚀，他们在开阔地带狩猎时发展起来的投掷长矛和挥舞棍棒的技能在取代草原的温带森林中效果不佳。

大约在气候变化的同时，世界上许多大型的动物物种也都消亡了。到1.2万年前，已经有超过200个物种灭绝，其中包括猛犸象和犀牛、剑齿虎、乳齿象、巨型野牛和树懒等巨型动物，这些物种曾在大约6 500万年前恐龙灭绝后的欧亚大陆和非洲景观中崭露头角。全球变暖和流行性微生物被认为 55 是这场大灭绝的原因，尽管它们可能造成了这场灾难，但人类狩猎者毫无疑问是罪魁祸首，因为巨型动物在每个大陆的灭绝时间都与他们的到来时间相吻合。到公元前4万年，野生猎物在非洲已经大大减少；到公元前2万年，它们在欧亚大陆几乎走向灭绝。但这些大型动物的灭绝速度在美洲最为惊人。

在上一个冰河时代，海平面低到足以让白令海峡形成一座连接西伯利亚和阿拉斯加的临时陆桥，许多旧大陆的巨型物种越过白令海峡进入美洲，在那里繁衍生息，直到人类跟随它们前来。这场迁徙的确切时间存在很大争议，估计在公元前5万至前15万年之间。尽管如此，这些游牧群体凭借日益娴熟的狩猎技巧和不断增长的人口而使当地的猎物群走向枯竭，然后从北向南迁移以寻找更多的猎物。成群的大型食草动物由于从前没有与人类接触过，所以很容易成为猎物，它们很可能是最早灭绝的物种。一旦食草动物供应不足，食腐动物和食肉动物的食物链就会崩溃，仅在短短的400年内，估计就有135种美洲动物物种消失。

这种快速减少的食物来源不可避免地导致了狩猎采集者群体之间的竞争，大多数群体被迫采用他们祖先的杂食性饮食。来自这一时期的考古记录显示，狩猎采集者群体开始猎杀兔子和鹿等较小的动物，采集果实、谷物和贝类，并首次使用船只捕鱼。但是，在许多地方，找到足够的食物来养活一大群人是非常有难度的，大规模的饥荒导致人口急剧下降。[1]

这一时期食物的匮乏预示着生活方式的彻底改变，即从游牧的狩猎采集者转变为定居的农民。尽管回顾起来，这种转变似乎是戏剧性的，但事实上，由于环境的变化，这种转变是在缓慢的阶段中逐渐演变的，最终成为一种必然。农业生活方式在不同的时期被不同的地方接受，在大多数地区，农民和狩猎采集者可能共存过一段时间。但最终，无论是自愿的，还是通过武力、劝说、入侵甚至灭绝，几乎所有的狩猎采集者群体都让位于更成功的农业社群。

世界上至少有九个地方的植物和动物驯化是独立进化的，其他所有地区的驯化物种都是从这些中心引进的（表3.1）。[2]位于底格里斯河和幼发拉底河之间的"新月沃地"，主要分布在今天的伊拉克和伊朗，被誉为最早的驯化场所。从公元前8500年左右起，第一批农民在这里种植小麦和放牧羊群，这种非常成功的新生活方式迅速蔓延到亚洲、北非和欧洲的周边地区，在那里其他更适合当地条件的动植物很快又被添加到引进物种名单中。中国人在公元前7500年左右开始种植水稻和养猪，不久之后，非洲的其他几个中心

（萨赫勒、热带西非和埃塞俄比亚）和巴布亚新几内亚也"发明"了农业。有趣的是，农业生活方式在美洲发展得很晚，可能是因为适合驯化的动植物种类较少。大约在公元前3500年，墨西哥印第安人种植玉米、大豆、南瓜和养殖火鸡，南美洲安第斯山脉的人们以种植马铃薯而闻名。到公元前2500年，美国东部也种植了农作物，但没有动物驯化的证据。

　　理论上，定居的农业生活方式有许多值得推荐的地方。它为年轻人、老年人和病人提供了永久的住所；有储存多余食物的设施以提供现成食物；有可靠的动植物材料来源以制作衣服、毯子、绳索和工具；有协助运输、从事农活以及为人畜混居住所提供温暖的动物。在所有这些有利的情况下，才可能希望生活不会像狩猎和采集那么艰难，人们更健康、更长寿，人口也会增长更快。但是，起初情况并非如此。挖掘、种植、收割和放牧的任务比狩猎和采集更为繁重，考古记录显示，早期农民的体型较小、营养不良、疾病负担较重，比他们的狩猎采集者祖先更早逝。[3]但是很快地，诸如犁和滚轮之类的重要发明使农民的生活更加容易，食物生产也更高效。然后他们的营养状况得到改善，随之而来的是出生率开始上升。一个家庭中孩子之间的年龄差从狩猎采集者的平均差4岁降低到1至2岁，结果人口激增的农业定居点发展成城镇，有些最终变成了大城市。

57

58

表3.1　在世界不同地区被驯化物种的例子

地区	被驯化的		得到证明的最早被驯化的时间
	植物	动物	
有独立发源地的驯化			
1. 亚洲西南部	小麦、豌豆、橄榄	绵羊、山羊	公元前8500年
2. 中国	水稻、粟	猪、蚕	不迟于公元前7500年
3. 美索不达米亚	玉米、大豆、南瓜	火鸡	不迟于公元前3500年
4. 安第斯与亚马孙	马铃薯、木薯	羊驼、豚鼠	不迟于公元前3500年

续表

地区	被驯化的		得到证明的最早被驯化的时间
	植物	动物	
有独立发源地的驯化			
5. 美国东部	向日葵、藜麦	无	公元前2500年
？6. 萨赫勒地带	高粱、非洲稻	珍珠鸡	不迟于公元前5000年
？7. 热带西非	非洲山芋、油棕	无	不迟于公元前3000年
？8. 埃塞俄比亚	咖啡、苔麸	无	？
？9. 新几内亚	甘蔗、香蕉	无	公元前7000年？
从别处引进祖代作物后在本地进行的驯化			
10. 西欧	罂粟、燕麦	无	公元前6000—前3500年
11. 印度河流域	芝麻、茄子	瘤牛	公元前7000年
12. 埃及	无花果、荸荠	驴、猫	公元前6000年

（资料来源：贾雷德·戴蒙德：《枪炮、病菌与钢铁》，布罗克曼出版公司，1997年）

世界上最早的城镇是从早期驯化中心的农业社群演变而来的，例如新月沃地的耶利哥，而且并非巧合的是，传染病的灾难性流行首先在那里暴发。这些"瘟疫"突然出现，仿佛不知从何而来，席卷所有居民，肆意杀戮，然后又神秘地消失。随着城镇规模扩大和人口密度增加，这些凶猛的流行病变得越来越频繁和多样，直到它们威胁到社群的生存。那么，这些新的疾病是什么，它们是从哪里来的呢？

59　　从游牧生活方式到定居农业生活方式的转变，标志着人类历史上的一个转折点，同时也预告了一个属于微生物的新时代的来临。人类第一次从根本上永久性地改变了景观，通过砍伐森林和灌木丛进行种植，破坏了自然平衡的生态系统，并通过种植农作物和饲养动物减少了生物多样性。那些迄今为止要么不与驯化的动植物物种接触、要么无法在孤立的群体之间转移的微生物，现在都得到了繁衍生息的机会，而许多微生物抓住了这个机会。整片麦田或动物群遭受了微生物的攻击，微生物在这些新的宿主物种中经历了种群爆炸。尽管我们对感染第一批驯化动植物的流行性微生物知之甚少，但它们一定多次造成早期农民的饥荒、物质匮乏甚至是饿死。

与动植物微生物相比，我们掌握了大量有关这一时期袭击我们祖先的新传染病的信息，其中许多至今仍给我们带来困扰。前所未有的微生物兴盛是由早期的农业社群日常生活的某些特征引起的：垃圾堆积、高人口密度以及与驯养动物的密切接触，而这些在狩猎采集者聚居地都是不存在的。

由于没有狩猎采集者生活方式所特有的频繁移动，各种各样的废物，包括人类和动物的粪便，现在都堆积在家庭与牲畜合用的永久住所内及其周围。而且，由于对它构成的危险一无所知，没人费心清理堆积起来的废弃物。因此，早期的农业社群成了寄生虫的温床。在早期农业社群的考古遗迹中发现的粪化石（变成化石的粪便）通常都含有肠道蠕虫卵，这些蠕虫卵（例如蛔虫和钩虫）通过粪口污染从一个人直接传播到另一个人，或者通过中间宿主（例如猪肉绦虫或牛肉绦虫）传播。[4]这些寄生虫在肮脏的环境中迅速传播，人们通常是在儿童期感染，然后终生携带。尽管它们有时会导致肠道出血引起贫血，但这种蠕虫一般不会危及生命，所以对整个人群的影响也不大。

60

对于那些难以在稀疏的狩猎采集者群体中找到宿主进行感染的微生物来说，向定居社群的转变是一个新的开端。第一个村庄的人口密度是狩猎采集者聚居地的10～100倍，因此像结核分枝杆菌（结核病的病因，只能在宿主之间短距离传播）和麻风分枝杆菌（麻风病的病因，因过于脆弱而无法在人体外长时间生存）这样的微生物，现在变得很容易传播。骨骼遗骸表明，结核病和麻风病在早期农民中间比其狩猎采集者祖先中间更为常见。[5]动物驯化的直接结果是这一时期人类微生物模式最显著和最持久的变化。人们第一次与畜群密切接触——喝畜奶、屠宰和食用动物肉、医治它们的皮肤、照顾幼崽和生病的家畜，以及合用住所。许多动物微生物趁机跳槽，在原始人类种群中找到了新的生态位。

61 　　毫无疑问，大多数引发典型的儿童急性传染病的微生物，如天花、麻疹、腮腺炎、白喉、百日咳和猩红热，最初都是动物病原体，在过去的某个时间，它们跨越物种屏障感染人类。如今，它们只感染人类，但其DNA序列包含了它们过去生活的信息。它们的近亲是家畜的病原微生物之一，在某些情况下，分子钟甚至可以精确定位它们在早期农业时代完成转移的时间。在那个时候，它们或许在幼小动物身上引发了相对轻微的传染病，就像今天的人类一样。如果是这样的话，不难看出农民是如何在照顾生病的动物时感染上它们的，他们没有理由保持警惕，也没有理由把人类疾病归咎于牲畜。

　　因此，我们的儿童急性传染病是在公元前5000年左右出现的，相当于21世纪出现的HIV、西尼罗热、SARS、埃博拉和寨卡热等传染病。尽管今天我们知道病因并且可以干预以中止其自然周期，但是当一场流行病袭击我们的农业祖先时，他们却不知道该怎么办。他们因恐惧和恐慌而处于瘫痪状态，在逃离时常常随身携带着病原微生物，有时前往表面安全的附近城镇，该微生物在那里很容易在人群中传播，从而无意中为它提供了帮助。

　　微生物通常不会在一夜之间完成物种转移，而是需要时间来进化出感染新宿主和在新宿主之间传播的有效方式。起初，微生物通常必须直接感染自它们的天然宿主，但一般来说，微生物适应人类并成功地在他们之间直接传播只是时间问题。它们会引发流行病，由于早期农业社群中没有人对这些新的微生物有免疫力或遗传抗性，流行病会袭击整个社群，引发死亡率通常很高的严重疾病。我们现代新出现的传染病与早期农民中的流行病之间的区别在于微生物可支配的易感人类宿主的数量。因此，在由国际航班往世界各地运送的SARS病毒被确认之前可能有数百万人暴露在其威胁之下，然而一旦某种流行病感染了与世隔绝的早期农业小社群的每个人，它就无处可去只能走向消亡。在人畜共患病微生物最终独立于天然动物宿主而在人类体内建立其传染循环之前，这种对人类种群的未遂入侵肯定已经发生过许多次，也许中间经历了数百年。对此环节而言至关重要的是微生物可以接触到的人口规模，由于每种微生物都需要最低数量的易感人群才能建立起它永无止境的感染链。最为人所知的是麻疹的流行情况，尤其在全球范围内根除该病毒时，必须要确定使其可以存活的未接种疫苗的最小人数。

麻 疹

麻疹病毒非常容易地在我们之间传播，而且消灭麻疹的斗争也证明了它是一个顽强的对手。它在全世界的儿童中引起了巨大的流行，直到20世纪60年代第一种疫苗减少了它的传播（图3.1）。但该病毒仍会引发严重的疫情，使其在未接种疫苗的人群中站稳脚跟，尽管麻疹的总死亡率不到1%，但在发展中国家营养不良的儿童中却可以达到40%。世界卫生组织报告称，2015年全球有13.4万人死于麻疹。

麻疹病毒定植在受害者的鼻腔，在上呼吸道建立感染灶。在典型的麻疹

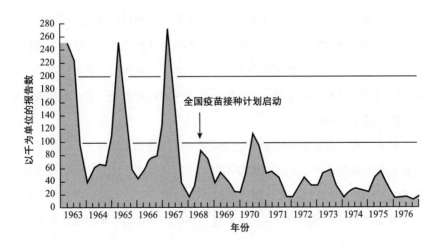

图3.1　1963—1976年英国的麻疹病例报告数
（资料来源：社区疾病监测中心公共卫生实验室）

症状出现之前几天，它就通过上呼吸道以飞沫的形式散播在空气中。它的R_0值为15，反映出它的高传染率，它可以成功地传播给约90％的病例接触者。所有这些过程都是一种病毒的生命周期通过自然选择高度适应了宿主的标志，但是当麻疹病毒第一次遇到我们的祖先时，它必定是一头完全不同的怪兽。麻疹病毒在感染多种哺乳动物的麻疹病毒家族成员中有许多亲戚，但它与牛瘟病毒关系最为密切，与犬瘟热病毒的关系较小。这三种病毒可能都起源于许多个世纪前的一个共同祖先，科学家们通过分子钟确定了牛瘟病毒和麻疹病毒之间的分离发生在大约2 000年前。这个时间相当令人信服地表明，该病毒在农耕时代初期从牛群转移到人类身上。然而，令人费解的是，同一类型的分析将当今麻疹病毒的最近的共同祖先追溯到100至200年前。唯一可能的解释是，一种传播能力超强的病毒株在当时取代了所有以前的病毒株在全世界传播。[6]

在疫苗问世之前，牛瘟病毒引发了席卷欧洲、亚洲和非洲的大规模"牛瘟"流行，袭击了家养和野生牛群，几乎杀死了所有被感染对象。在19世纪90年代，它消灭了南非80％～90％的牛。与麻疹一样，这种病毒首先感染上呼吸道，然后攻击肠道，引起灾难性腹泻并导致被感染对象因脱水而死亡。由于牛瘟病毒是通过接触被感染对象的分泌物和排泄物传播的，很显然它得到了野牛的群居本能和一些家畜过于拥挤的生存环境的帮助。这对于早期的农民来说，一定是最具破坏性的牛瘟之一。然而，现今的农民并没有那么不幸，经过大规模的根除运动，牛瘟病毒最终在2011年宣布灭绝，这是第一种被彻底根除的动物病毒。

现代牛瘟病毒和麻疹病毒的祖先可能多次转移到人类身上，引发了一种比我们今天所知更严重的疾病流行（事实上，它只是到10世纪时才与天花区别开来）。但这些最初的流行病可能仅限于村庄和小镇的当地居民，一旦每个被感染者都死亡或获得免疫，感染就会消失，直到另一种病毒从受感染的牛身上转移出来。

在某种程度上，这种早期的感染模式由较近时期在偏远岛屿社群发生的麻疹流行病重新引发。1846年，一场麻疹流行病袭击了法罗群岛，该群岛是丹麦在北大西洋的小岛群，靠近挪威和冰岛之间的北极圈。一位木匠在从丹麦乘船抵达后不久患上了麻疹，这是65年来当地首次传入该病毒。在接下来的六个月中，它感染了7 782名岛民中的6 000人，仅有那些曾在1781年大流行中患过麻疹的65岁以上者得以幸免。但一旦病毒传播遍及整个易感人群，它就消失了，直到下一次从外界传入时才再次出现。研究这场流行病和其他岛屿社群类似流行病的科学家们在冰岛、格陵兰和斐济等人口稀少的岛屿上发现了同样的流行模式，在每次流行病蔓延之后，感染链就会断裂。只有在夏威夷这样人口较多的岛屿上，麻疹病毒才能维持其传染周期并持续传播。利用这些信息，研究人员计算出，在城市环境中永久维持该病毒所需的最低人数约为50万人。[7]类似的数字可能适用于大多数其他经空气传播的急性传染病微生物，那么，这些所谓的"群体性疾病"（crowd diseases）在何时何地首先在人类中流行起来呢？

世界上最古老的文明起源于美索不达米亚（罗马人对"新月沃地"的称呼），那里的第一批农业村庄是从今天巴格达附近肥沃的辛加尔平原上的狩猎采集者聚居地演变而来。随着人口的增长，村庄扩展为作为贸易、工业和统治中心的城镇，大约5 000年前，人口可能达到了50万。这个时间与麻疹病毒从牛瘟病毒中分离的大致时间相吻合，因此，这种病毒和其他许多种人畜共患病微生物可能切断了与其动物宿主的联系，并在这段时间与人类发生关系。随着埃及、希腊、印度和中国等伟大文明中的城市达到临界规模，微生物必定已经在他们的居民中扎根，并引起了毁灭性的流行病。事实上，从可追溯至公元前1850年左右的埃及医学纸草、公元前1300年的中国医学经典以及公元前1000至前500年间写成的《旧约全书》等古代文献中可以清楚地看出，流行病是这些古代文明的主要困扰，经常性地造成大量人口死亡。在《出埃及记》中，我们读到了埃及可怕的瘟疫，除了令人不快的大量青蛙、苍蝇、蝗虫和虱子外，还包括一种可怕的瘟疫，表现为"起泡的疮"

（9：9）。[8]在《撒母耳记上》中，可怜的非利士人的私密部位长出了"痔疮"（emrods，可能是腺鼠疫造成的腹股沟腺体肿大）。该经卷的作者将其解释为神对偷窃以色列人神圣约柜的惩罚，但当他们归还约柜时，瘟疫也随之蔓延到以色列人中间。[9]

麻风病是《旧约全书》和早期东方文献中经常提到的另一种疾病，最早的明确记载是在公元前300至前200年左右的印度《阇罗迦集》（*Charaka Samhita*）中。麻风分枝杆菌是一种引起麻风的细菌，它在人与人之间缓慢传播，沿着印度和中国的贸易路线不断向西移动，引起了一场在13和14世纪达到顶峰的大流行。根据患者免疫力的不同，麻风分枝杆菌可能引起慢性皮肤损伤、破坏神经，产生畸形尤其是面部和手部畸形，并侵入和破坏内脏。但在中世纪，"麻风病"一词被用来形容各种慢性皮肤病，由于"麻风病"被认为具有传染性，麻风病人成了社会的弃儿，被要求生活在孤立的角落或穿着独特的服饰，并通过摇铃来宣告他们的到来。我们将在第五章讨论雅司病时再次拾起该主题，雅司病起初是被包括在"麻风病"内的另一种慢性皮肤感染。

67　　尽管频繁而凶猛的流行病袭击了旧大陆的早期文明，但在更长的时间内，人口不断增长使得城镇持续扩大。随着时间的推移，城镇变得越来越拥挤、肮脏和不卫生，这是对病原微生物的公开邀请。回首这些时期，我们无法确定是什么微生物引发了古代文献中描述的许多流行病。一部分是因为早期的描述往往缺乏临床细节，所以难以区分以皮疹为突出特征的疾病（如麻疹和天花），部分也因为这些疾病很可能在这几年中改变了它们的特征。大多数流行病都是从引发严重的人畜共患传染病开始的；它们只有被确定为纯人类病原体后，才能与宿主共同进化，这一过程需要大约150年的时间，它们通常会引发较轻的病症。

古埃及

古埃及的许多医学史都保存在医学纸草和埃及木乃伊的防腐尸体中，这使我们对影响世界几大早期文明之一的人们的微生物有了独特的了解。

在中石器时代，现代埃及所在范围内只有几千名狩猎采集者居住在尼罗河流域的一些孤立的小型聚居地。向农业的转变始于公元前6000年左右，当时他们从新月沃地引入了小麦、山羊和绵羊。底格里斯河和幼发拉底河流域的条件与尼罗河流域非常相似，这些新的耕作方法很快变得富有成效。

埃及几乎没有降雨，但是在1902年阿斯旺大坝建成前，尼罗河曾经每年泛滥一次，覆盖河谷两岸1英里以上的土地，沉积了丰富的泥沙，保持了土壤的肥沃。为了保护这一宝贵的水源，灌溉农业系统沿着尼罗河以及幼发拉底河和底格里斯河流域发展起来，农田之间有一个为谷类作物灌溉的渠道网络。在今天巴基斯坦所在范围的印度河流域和中国的黄河泛滥平原也发展出了类似的灌溉系统，在后者那里该系统被用来灌溉稻田。

在埃及，这种非常成功的生活方式转变带来了人口的快速增长，这预告了古埃及文明的到来。公元前2500年左右，第一批大城市出现了，与此同时，也建造了著名的狮身人面像和吉萨金字塔。埃及医生在这一时期写的纸草书卷描述了人类常见的疾病及其治疗方法。《埃德温·史密斯外科纸草》是一份公元前1700年书卷的复制本，据说其原本可追溯至公元前3000年，其中详细记述了一种每年都在埃及带来流行病的"年度害虫"。[10]专家认为，这种流行病可能是在每年尼罗河泛滥时期到来的疟疾，河水泛滥为蚊子提供了理想的繁殖地。这一怀疑从对来自上埃及卢克索地区盖布林和阿西尤特的5 000年前的木乃伊的研究中得到了支持，当时这些地方是一片沼泽地。大约一半的木乃伊显示出恶性疟原虫感染的迹象，有趣的是，一些木乃伊还显示出地中海贫血和镰状细胞贫血的迹象，而这些遗传性血液疾病可以预防疟疾。[11]由于这些基因需要数千年时间才能在疟疾感染人群中普遍存在，这一发现意味着疟原虫在埃及已经存在很长时间了。埃及木乃伊通常还含有肠道寄生虫，一些骨骼显示出肺结核的证据。但在当时最严重的传染病可能是血吸虫病，这是一种由经水传播的病原微生物引起的致命疾病，该微生物利用灌溉农业来帮助其传播。

血吸虫病

69　　这种古老的寄生虫病至今仍是一个重大的公共卫生问题，它感染了70多个国家的大约2亿人，埃及是其中的一个主要疫源地。几乎可以肯定的是，关于血吸虫病及其治疗方法的描述在埃及纸草中很常见，尤其是可追溯至公元前1850年的卡珲纸草和公元前1550年的埃伯斯纸草。后者描述道：

> 对于那些肚子疼痛的人来说，这是另一种极好的疗法。
>
> 将伊苏（isu）和夏梅斯（shames）研磨成粉，然后加蜂蜜煮沸，给肚里长有蠕虫的人食用。这样通过血尿排出它们，它们不会被任何（其他）药物杀死。[12]

　　尽管对于这些描述是否真的与血吸虫病有关可能存在一些争议，但在公元前1250至前1000年第二十王朝的两具木乃伊的肾脏中发现了血吸虫虫卵，这表明该微生物无疑感染了古埃及人。由于在公元前200年左右中国的一具保存完好的尸体中也发现了血吸虫，所以该微生物在古代世界显然已很普遍。[13]

　　血吸虫病由一种寄生吸血的血吸虫（源自希腊词汇 *schistos*，意思是"分裂"，以及 *soma*，意思是"身体"，表示雄虫的抱雌沟合抱雌虫）引起。当寄生虫进入人体后，这种疾病以急性发烧开始，但最严重的问题是感染带来的长期后果，它在大约2至10年后才显现出来。该微生物的卵会引起炎症，出现溃疡并在膀胱或肠道周围形成疤痕。根据发生部位的不同，患者会经历

70　慢性出血性腹泻或血尿，并死于肝或肾衰竭。该微生物也容易诱发膀胱癌，即使到今天，血吸虫病也是疫区肿瘤的主要病因之一。

　　血吸虫主要有三种类型，它们的生命周期相似，区别在于使用不同种类的淡水螺作为中间宿主。其中两种（曼氏血吸虫和日本血吸虫）以肠道为目标，但在埃及常见的类型（埃及血吸虫）对膀胱有特殊的偏好，所以血尿一

图3.2　可能描绘了血吸虫病引起的血尿的埃伯斯纸草插图

（资料来源：A. A. F. 穆罕默德：《血吸虫病（裂体吸虫病）：从古至今》，载《北美传染病
　　临床研究》，第18卷，2004年，第207—218页。使用得到爱思唯尔公司的许可）

直是那里最常见和最明显的症状。该微生物尤其影响年轻男性。事实上，埃
伯斯纸草上有一个据说是正在流血的阴茎图（图3.2），该症状是如此普遍以
至于历史学家希罗多德曾把埃及称为"男人月经之地"。[14]

　　这种血吸虫有时被称为毕氏裂体吸虫，它以德国医生西奥多·毕尔哈兹
的名字命名，他于1852年在开罗的卡萨·埃尼（Kasr el Ainy）医院工作时
在人体组织中发现了它，并在人类排泄物中发现了它的虫卵。但他当时并不
知道这种寄生虫的复杂存在方式，经过近60年的争论，它的传播方式和生命
周期（包括它的中间宿主淡水螺）才最终被解开。有一段时间，人们认为人
类可能是通过食用辛辣的食物或饮用被污染的水而摄取了这种寄生虫。但关
于其他途径的说法也很流行，可能是通过肛门或尿道进入的，也可能是在手
淫期间进入的。从很早的时期开始，埃及人就意识到这种疾病与水有关，由
于它最突出的症状是血尿，他们认为该病可通过尿道进入，因此设计了在沼
泽地狩猎时佩戴的保护性阴茎鞘（图3.3）。

　　1800年，当拿破仑的军队被困在埃及时，血吸虫病袭击了他们，1899
年，英国士兵在南非参加布尔战争时也遭受了它的痛苦折磨。随着1914年第
一次世界大战的爆发，英国军队要开往埃及，英国政府迫切需要解决这个问
题。1915年，英国战争办公室派遣寄生虫学家罗伯特·汤姆森·雷珀中校去
开罗调查，目的是明确这种寄生虫的传播途径。他没过多久就想出了答案：

图3.3 古埃及人佩戴的阴茎鞘插图，约第十九王朝（公元前1350—前1200年）
（资料来源：A. A. F. 穆罕默德：《血吸虫病（裂体吸虫病）：从古至今》，载《北美传染病
　　临床研究》，第18卷，2004年，第207—218页。使用得到爱思唯尔公司的许可）

这些凶猛的小野兽通过给在被污染的水中涉水或游泳的人们的完整皮肤挖洞来传播疾病。

雌雄吸虫有不同的形态，一旦进入人体内，它们就会进入肠道和膀胱周围的静脉，并在那里交配。然后，雌虫会将虫卵储存起来（一天可储存数百至数千个虫卵，理论上，其一生可储存6 000亿个虫卵！），这些虫卵进入膀胱或肠道，并通过尿液和粪便返回外界。在淡水中，这些吸虫虫卵孵化出来，然后开始寻找它们的中间宿主，即淡水螺；它们在这种软体动物内繁殖，然后被再次释放到水中，通过找到另一个人类宿主进行感染来完成它们的循环（图3.4）。

淡水螺生活在缓慢流动的淡水中，正是它们的习性决定了血吸虫病的全球分布情况。尼罗河沿岸以及非洲和中东其他地区的灌溉渠道，以及中国和日本的稻田，都是它们理想的栖息地，随着农民赤脚跋涉在这片受污染的水中，血吸虫的繁衍也就不足为奇了。但是对寄生虫来说，人类和淡水螺似乎

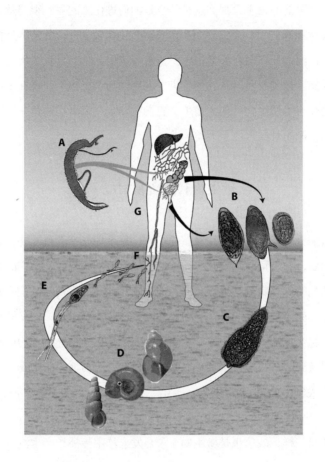

图3.4 血吸虫病：曼氏血吸虫的传播循环
（资料来源：布鲁诺·格里塞尔斯、皮埃尔·温塞勒尔斯：
《人体血吸虫病》，载《柳叶刀》，第368卷，2006年9月23日，
第1107页，图1，安特卫普热带医学研究所制作。
使用得到爱思唯尔公司的许可）

步骤：A：配对的成虫；B：虫卵；C：纤毛蚴；D：中间宿主
淡水螺；E：活动尾蚴；F：尾蚴穿透人体皮肤；G：血管中的
尾蚴迁移到肝脏，在肝脏中成熟、交配并迁移到肠道或膀胱周围
的血管产卵

是一对不太可能的宿主，那么这种结合是如何进化来的呢？很显然，血吸虫样吸虫寄生海螺的时间至少有2亿年。这些自由游动的幼虫显然是机会主义者，它们试图在任何潜在的新宿主身上进行定植，从而导致了历史上无数次的宿主转换。在某个阶段，它们感染了海鸟作为第二宿主，现在则使用许多哺乳动物和淡水螺等物种作为宿主。它们或许是在灌溉农业第一次使它们与人类密切接触的时候入侵了人类。[15]

微生物利用贸易与战争

74　　随着旧大陆人口的增长和城镇的扩大，每个地方都有自己的一套传染病系统。然后，随着贸易网络开辟而抵达了从前孤立的村庄，他们的微生物被共享，他们的传染病池与周围社群的传染病池合并。这种情况发生的次数越多，微生物就传播得越远，直到它们被商船装载连同玉米、葡萄酒和橄榄油等货物一起穿越地中海和印度洋。同样地，穿行在丝绸之路上的商队将奢侈品从中国带到中东，也带来了不受欢迎的访客——当地的微生物，将其传播到未开发人群（virgin populations）中。"瘟疫"成了这些时期不变的特征，最终一个单一的传染病池笼罩了整个旧大陆。

　　和贸易一样，战争也是微生物在未开发人群中传播和产生流行病的可靠途径。埃及、亚述、波斯、希腊和罗马帝国相继兴衰，司空见惯的冲突、侵略和战争不可避免地引发了流行病。出身于不同背景的新兵，居住在狭窄和不卫生的军营里，驻扎在拥挤不堪、饱受战争蹂躏的城镇中，一直不断地移动，并承受着压力、伤害和营养不良，难怪微生物会毁灭军队并从那里传播到平民中间。一次又一次的流行病扰乱了军事行动，并常常决定了战争的最终结果。尽管无法确定困扰古代世界军队的大多数微生物，但古代希腊罗马时期所谓的三大瘟疫（尽管不一定都是由典型的腺鼠疫引起）已得到特别深入的研究。它们是公元前430年的雅典瘟疫、公元166年的安东尼瘟疫和公元

75　　542年的查士丁尼瘟疫，每一次都产生了深远的影响。

雅典瘟疫

古希腊各大城邦之间传奇般的竞争经常爆发为困扰帝国的冲突，并最终导致帝国垮台。尽管在公元前480至前479年薛西斯威胁要入侵时，他们各自的军队联合起来打败了波斯人，但旧日的嫉妒情绪很快又重现。到公元前431年，雅典和斯巴达在伯罗奔尼撒战争中再度处于敌对状态，这场战争断断续续地持续了27年。雅典以其强大的海军对抗着极为优秀和训练有素的斯巴达步兵，雅典的统治者伯利克里决心不与斯巴达人正面交锋。相反，他决定加固城防，坚守围城直到斯巴达人要求休战。他把包括比雷埃夫斯港口在内的雅典城用木墙围起来，打算利用这座港口的出海口作为雅典的生命线。当所有人都同意采取避免直接冲突来保护城市这一巧妙战略时，没有人能够预见到可怕的后果。随着斯巴达人的逼近，成千上万的难民从周围乡下逃往雅典的安全地带，使得这座仅有1万个住所的城市挤满了沸腾的人群，并且除了海上没有其他出路，这是微生物得以立足的理想环境。当公元前430年瘟疫暴发时，它是如此地凶猛和广泛，乃至它宣告了雅典人的失败，从而促成了希腊文化黄金时代及其在古代世界的统治地位的终结。

这是有记载以来最古老的流行病，由当时的历史学家修昔底德记载。根据他的记述，这场瘟疫突然暴发并肆虐了四年，杀死了大约四分之一的人口，不论是军人还是平民。雅典军队损失了4 400名步兵和300名骑兵，占前线士兵总数的四分之一以上。但最重要的是，伯里克利本人也是受害者之一，他的死不仅使雅典人失去了他们的伟大领袖，而且还使一个饱受战争和瘟疫蹂躏的民族士气低落。

这场瘟疫的任何物证都没有留存下来，所以要确定罪魁祸首微生物的特殊性质，专家们必须尽其所能解读修昔底德的文本。修昔底德很清楚，这种疾病影响到所有年龄段，受害者在7至9天之内被杀死，他这样描述：

受害者体内的温度是如此之高，以至于连最轻的包裹和亚麻

76

布垫都无法忍受。事实上，除了他们必须赤身裸体外，什么都帮不上忙，而一头扎进冷水里就会得到最大的缓解。他们身上的干渴是如此无法抑制，以致许多无人看管的人跳进井里喝水；但不管他们喝多喝少，结果都是一样的。[16]

修昔底德还列出了其他症状（开始是眼睛和喉咙痛、咳嗽、打喷嚏、出水泡、生脓疮和口臭；接着是干呕、抽搐和起红疹；最后是腹泻、失眠、生坏疽、记忆力和视力丧失，以及因疲劳而死），但他的描述与我们今天所知的任何传染病都无关。天花作为病因受到大多数专家的青睐；其他一些专家则认为是麻疹或伤寒。[17]事实上，这可能是多种传染病的混合体，它们一起在围城所造成的可怕状况中肆虐。

有趣的是，斯巴达军队似乎免于瘟疫，或许他们已经对该微生物具有免疫力。他们甚至有可能是这种疾病的源头，由此带来了一种他们已经熟悉但对雅典人来说却是全新而致命的疾病。

77　　　雅典瘟疫是毁灭性的，不仅仅是因为它杀死了大量的人口，还因为它对生者的影响。修昔底德这样描述人们心态的变化：

> 他们看到命运的变化是多么的突然，那些富裕者突然死亡，而那些从前一无所有的人在一瞬间就占有了别人的财产。[18]

顺便说一句，公元前323年，传奇般的亚历山大大帝在权力鼎盛时期突然去世，使希腊帝国再度陷入群龙无首的境地。这个非凡的年轻人率领他的马其顿军队对抗波斯人，征服了他们伟大的帝国，并最终控制了从埃及到印度河流域的广阔地带。但是，当亚历山大从巴比伦沿着幼发拉底河航行到阿拉伯边界附近的沼泽地视察之后不久，他发了热病，不到两个星期，这位健壮的统治者就死了，年仅33岁。当时没有传染病，所以有理由认为亚历山大的死与其沼泽之行有关。其死因可能是疟疾，但他连续发烧11天，听起来更像是伤寒，这种疾病由借助粪便污染食物和饮用水进行传播的细菌引起。在他死后，帝国被他的将军们瓜分了，随之而来的动乱时期导致了他的大希腊的解体。[19]

安东尼瘟疫

这场瘟疫是三大瘟疫中记录最少的，它在罗马帝国鼎盛时期暴发。皇帝马可·奥勒留·安东尼乌斯坐镇拥有超过100万居民的宏伟城市罗马，统治着西起不列颠的整个欧洲一直延伸到中东和北非的广袤地区。这个多文化、多民族帝国范围广大，并借助商人在所有行省的自由活动和军队的持续行军，为微生物提供了一个高速公路网，这些微生物可以搭上旅行者的便车，并在他们所到之处引发流行病。

安东尼瘟疫的源头可能是今天巴格达附近的底格里斯河畔的城市塞琉西亚。罗马军队被派去当地平息一场暴动，他们洗劫了这座城市，然后凯旋而归，沿着他们的返回路线传播瘟疫并把它带回了罗马，在最高峰时它每天杀死大约5 000人。最终它蔓延到整个帝国，并延伸到印度和中国，持续了数十年之久，直到公元180年马可·奥勒留皇帝去世时它仍在肆虐。

著名医生帕加马的盖伦在其《论治疗方法》(*Methodus Medendi*)中提到，这种疾病不加区分地肆意袭击富人和穷人、老人和小孩，造成三分之一到一半的感染者死亡。他描述了一场引起高烧和干渴、呕吐和腹泻的"发烧瘟疫"，所有这些都与雅典瘟疫非常相似，但这次盖伦有一个明确的描述，那就是覆盖全身的干燥、黑色、溃烂的皮疹，盖伦将之归因于"在发烧的水疱中腐烂的血迹残留"。这种描述，特别是对皮疹的描述，无疑可以确定这种瘟疫为天花，它可能是欧洲的首例。但一些专家仍然主张斑疹伤寒是病因，并坚持认为斑疹伤寒的早期阶段无法与天花区分开来。[20]

78

罗马人相信这场瘟疫是神灵对他们在塞琉西亚行为的惩罚，士兵们在那里洗劫了阿波罗神庙，并打开了一座密封的古墓。正如当时的历史学家阿米安努斯·马塞利努斯所写，"当罗马士兵打开它时，瘟疫暴发了，给从伊朗边境到莱茵河和高卢的整个帝国都带来了传染病和死亡"。[21]

安东尼瘟疫造成了如此灾难性的人口减少，以至于罗马帝国的每个机构都出现人力匮乏的局面。城镇和田野空空如也，军队被消耗殆尽，贸易和商业停滞不前，人民感到困惑和沮丧。持续不断的入侵、战争和瘟疫，标志着一个持续100年的衰退期的开始。公元266年，瓦莱里安皇帝被伊朗人俘虏，帝国东西两端都失守了。这些斗争一直持续到君士坦丁大帝将帝国的首都迁至拜占庭，将其更名为君士坦丁堡为止。公元396年，帝国分裂为讲拉丁语的西半部和讲希腊语的东半部。

查士丁尼瘟疫

在几个世纪的纷争之后，查士丁尼皇帝在6世纪短暂地重新征服了北非、意大利和西班牙，并使罗马帝国重新统一。但当瘟疫袭击君士坦丁堡时，它预告了持续两个世纪之久的一系列流行病周期的来临。这场瘟疫标志着罗马帝国的终结、欧洲在西方的相对孤立和伊斯兰教在东方的扩张。在君士坦丁堡，查士丁尼瘟疫持续了一年，造成四分之一的人口丧生，在最顶峰时每天有1万人死亡。君士坦丁（应为查士丁尼——译者按）本人在这场袭击中幸免于难，但随着瘟疫在整个帝国的东部和西部蔓延，没有足够的人手留下来执行必要的任务，查士丁尼也无力保护新统一的领土。这两个帝国的总死亡人数估计为1亿人。

拜占庭编年史家凯撒利亚的普罗科皮乌斯指出，鼠疫开始于埃及的贝鲁西亚，从那里蔓延到亚历山大里亚港，再经巴勒斯坦抵达君士坦丁堡。他如此详细地描述了它的症状，以至于大多数专家都毫不怀疑这是一种腺鼠疫，其特征是（淋巴结）腺体肿大：

从早到晚，发烧是如此轻微以至于病人和医生都不惧怕危险，没有人认为他会死。但许多人甚至在第一天，一些人在第二天，另一些人再晚些，他们的腹股沟和腋下都出现了一个淋巴结；有些人是生在耳朵后面以及在身体的任何部位。

到目前为止，这种疾病在每个人身上的表现都是一样的，但是在后期阶段存在个体差异。有些人陷于昏迷，有些人则是剧烈的神志失常。如果他们既没有睡着也没有神志不清，就会死于肿胀的坏疽和过度的疼痛。接触是不会传染的，因为没有医生或个人因接触病人或死者而病倒；许多为他们提供护理或埋葬的人员仍然活着，这完全出乎意料。

有的一下子就死了，有的几天后才死，有的身上冒出了扁豆大小的黑水泡。那些没有撑过一天的人立即就死了；许多人因吐血而迅速死亡。医生们无法分辨哪些病例是轻的，哪些是重的，也没有有效的治疗方法。[22]

这或许是欧洲第一次腺鼠疫流行病。它肆虐了200年之后，神秘地消失了600年，然后，正如我们将在下一章中看到的那样，又以"黑死病"的名义重新出现。

我们不知道这些流行病的确切原因，早期的作家认为我们永远也不会知道。但现在，新的分子探针可以检测到微生物最微弱的指纹，找到它的答案的确是可能的。瘟疫受害者正在从大量埋葬地点被挖掘出来，所以揭开引发这些毁灭性流行病和引起大流行的微生物之谜可能只是时间问题。

在1200年左右的某个时间，这些可怕的、不可预测的流行病转变成了周期性的模式，只有当有足够多的易感人群来维持其感染链时，微生物才会进入某个社群并引发流行病。由于从这些急性传染病中康复过来可以获得终身免疫，所以只有在上一次流行之后出生的儿童易受下一次流行的影响。因此，儿童流行病的模式已经确立，就像图3.1所示的麻疹流行病一样。随着每个周期淘汰最易受感染的儿童，经过几代人的时间，群体的抵抗力已经增强，感染变得不那么严重。但正如我们将在下一章中看到的那样，急性传染病仍然是一种威胁，特别是对城镇儿童而言，那里日益拥挤、贫穷和不卫生的条件助长了它们的传播。

第四章　拥挤、污秽和贫穷

在中世纪的欧洲，几乎每个人都被吸血的寄生虫感染过，他们的房屋也被同样受感染的老鼠所占据。大多数农民和他们的牲畜一起生活在又黑又窄、空气不流通的单层茅草小屋里。随着人口的增长和小社群发展为城镇，情况变得越来越糟。由于没有废物处理设施，所有的东西都被扔到了住宅之间的狭窄通道，这些阴暗潮湿的通道遍布污泥、人畜粪便和垃圾，其中大部分最终流入了提供用水的河流。在这些不卫生的环境中，微生物的繁衍兴盛也就不足为奇了。微生物几乎所有的传播途径都得益于这些可怕的条件：通风不良和过度拥挤使空气微生物更容易生存；缺乏卫生设施意味着肠道病原体容易进入食物和水中；缺乏个人卫生条件则使跳蚤和虱子等媒介生物得以繁衍。

毫不奇怪，中世纪的城镇是极不健康的居住场所；城镇居民的预期寿命低于乡下居民，直到20世纪初，欧洲城市才能维持自己的人口数量。[1]但在中世纪的欧洲，绝大多数人生活和工作在乡村庄园，在那里形成了一种独特的阶级制度，即农民与庄园捆绑在一起，他们在庄园主的土地上劳作，以此获得报酬。城镇不仅依靠周边的庄园供给粮食、肉类和木材等消耗品，而且还依靠庄园的劳动力，吸引期望获得更高收入的乡村青年进入城市生活。很多时候，这常常是一张由城镇中流行的传染病派发的死亡单程票，迄今为止，这些传染病都逃到了更为健康的农村。

尽管城市的居住环境不健康，但11和12世纪的欧洲经历了前所未有的人口爆炸。到13世纪中叶，人口增长超过了自然资源的供给。良田的供应短缺以及就业的严重不足，不可避免地导致了贫困。到了14世纪，随着小冰期的到来，气温下降导致农作物减产，随之而来的是经常性的饥荒。

在人口增长的这一时期，无论是为了贸易、战争还是朝圣，更多的人比以往任何时候都走得更远，同时携带着他们的微生物像种子一样沿途播撒。商船穿越地中海的频率越来越高，欧洲人在非洲、印度和远东等遥远的地方建立了贸易中心。与此同时，欧洲城市之间的小规模局部冲突以及国际战争意味着军队要经常移动。在11至13世纪的十字军东征中，大批基督教军队向东穿越欧洲，向耶路撒冷进军，挑战撒拉逊人。十字军经常被痢疾、伤寒和天花等流行病击退，这些疾病蹂躏了他们的军队，并在本国引发了流行病。

与此同时，成吉思汗在东方建立的庞大蒙古帝国最终征服了整个今天的中国以及俄罗斯的大部分地区，并通过中亚向西延伸到伊朗和伊拉克。它的首都哈拉和林是连接整个帝国所有繁华大城市以及欧洲的贸易网络中心。中国和叙利亚之间的古老丝绸之路重新建立起来，成千上万的商人、士兵、驿站骑手和使者从一个绿洲到另一个绿洲，跨越了很远的距离。威尼斯人马可·波罗（1254—1324年）于1271年踏上史诗般的旅程，沿着丝绸之路穿越亚美尼亚、波斯和阿富汗，越过帕米尔高原，再穿过戈壁沙漠到达北京；他走了5 600英里，花费三年半的时间才完成旅程，他当然从来没想过可能会在沿途拾起并传播微生物。但毫无疑问，随着人员、动物、食物和材料不可避免地互相交流，这条及其他国际贸易路线的开辟为微生物的传播打开了方便之门。

到了中世纪，大多数急性传染病在旧大陆已普遍存在，并已经进入不同的流行周期，它们主要影响儿童。许多传染病已经与人类共同进化，变得不那么致命，但是鼠疫和天花在许多个世纪里仍然令人害怕，它们是这些时期最致命的杀手。纵观整个历史，这两种疾病中的任何一种造成的死亡人数可能都超过了所有其他传染病加在一起造成的死亡人数，这两种传染病控制着人类的人口数量达几个世纪之久。

腺鼠疫

在过去的两千年里，世界上发生了三次腺鼠疫大流行：第一次是542年 85的查士丁尼鼠疫（见第三章），第二次是黑死病，第三次是自19世纪60年代从中国开始的大流行，它至今仍在继续。

传奇般的"黑死病"在其发生数百年后才得名，现在没人知道这是为什么。有人说这个名字指的是受害者在死亡前使其手指和脚趾变黑的坏疽，但也有人确信它来自对拉丁语 *atra mors* 的误译，因为 *atra* 的意思是"可怕的"或"黑色的"。黑死病在1346至1353年间肆虐，并最终蔓延到整个欧洲、亚洲和北非。这种疾病几乎袭击了每一座城市、城镇、村庄和小村落，夺去了将近一半居民的生命，造成了有记录以来最严重的人口下降。这场从东方传播到欧洲的流行病可以追溯到金帐汗国（位于现今俄罗斯境内的蒙古帝国分支），一场凶猛的流行病在那里肆虐，它于1347年抵达了黑海的卡法港。这个热那亚人的主要贸易中心当时正被蒙古人围困，但当疫情在蒙古军中暴发时，他们被迫撤离。有人说，蒙古军队在临走之际把死者尸体用弹射器投到城里，但不管真相如何，这场流行病很快蔓延到被围困的卡法居民身上。许多意大利居民急急忙忙地起航回家，他们的十二艘帆船驶向西西里岛东海岸的墨西拿。他们刚一入港，瘟疫就暴发了，这是一种既可怕又毁灭性的疾病。用提供了第一手资料的方济各会修士皮亚扎的迈克尔的话说：

> 先是出现"烧伤水泡"，并在身体的不同部位出现了疖子：一 86些人在性器官上而另一些人在大腿上，一些人在手臂上而另一些人在脖子上。起初这些东西与榛子一般大小，病人被剧烈的颤抖折磨，很快便虚弱得站不直了，只好躺在床上，并因被高烧吞噬而痛苦不堪。疖子很快就长到核桃大小，然后又长大到鸡蛋或鹅蛋大小，病人极度痛苦，并刺激到了身体，使胃液功能失效而吐血。血液从受感染的肺部上升至喉咙，对全身产生腐烂和分解作用。这种

病情持续三天，最迟在第四天，病人就病死了。[2]

人们在西西里岛以前从来没有见过这样的景象，随着尸体的不断堆积，被吓坏了的墨西拿居民惊慌失措地逃离。船上的船员被指责为这场灾难的罪魁祸首，并被驱逐出岛。显然未受影响的船员们携带着致命的微生物，加入其他从卡法航行到热那亚和威尼斯的帆船中。

从这些意大利城市中，该微生物被运送到大多数地中海港口，然后沿着惯常的贸易路线被带到内陆，或者常常是无意中被逃离受瘟疫困扰的城镇的人们携带，就像在墨西拿所发生的一样。大流行像潮水一般席卷欧洲，在1347至1348年间波及法国、西班牙和地中海诸岛，仅用三年时间就覆盖了整个欧洲大陆（图4.1）。几乎每一座城镇、村庄和小村落都落入了它致命的魔爪之中，它在每个地方肆虐了大约八个月，直到几乎所有人都被感染，要么死亡要么康复，疫情才得以缓解。

该微生物在1348年夏天抵达英国海岸，可能是从法国潜入了南海岸的梅尔科姆·雷吉斯港口（现在是韦茅斯的一部分）。那一年晚些时候，这场大流行袭击了伦敦，在其6万至7万居民中造成约2万至3万人死亡。然后，它以每天1至1.5公里的速度向北行进，在大约500天的时间内覆盖了从南到北的整个英格兰（长达500公里）。[3]

在黑死病发生之时，该微生物已经一千多年没有造访欧洲了，所以它不加区分地凶猛袭击，杀死城镇和乡村中的老少。人们似乎毫不怀疑这场瘟疫是从一个人直接传播到另一个人身上的，他们很自然地采取了预防措施。隔离检疫（Quarantine，来自意大利语 quaranta giorni，意思是"四十天"）最初是在意大利引入的，后来在整个欧洲广泛实行。瘟疫肆虐的城镇被封锁起来，并对从受瘟疫影响的港口驶来的船只隔离40天，以防止任何人或商品上岸，直到所有感染的危险过去。受害者的房屋标有红十字的记号，居民们要么被隔离要么被转移到鼠疫收容所（pest houses，也称隔离病院）——医院，后者被恰当地形容为"简陋的死亡等候室"。[4]当然，富人可以通过从

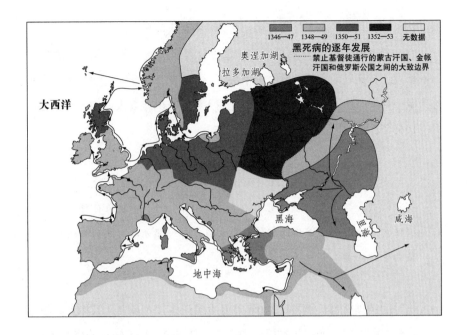

图4.1 显示黑死病进程的地图

瘟疫肆虐的城市搬到乡下以逃避感染，就像王室经常做的那样；与摧毁了欧洲王室的天花相比，这种预防措施似乎对鼠疫具有一定的效果，因为只有一位欧洲君主死于鼠疫，他就是西班牙国王阿方索十一世。当鼠疫来袭时，他正在直布罗陀与阿拉伯人交战，因拒绝离开他的军队而被感染。[5]从另一方面来说，当这场流行病在阿维尼翁肆虐之时，教皇克雷芒六世在他的医生建议下通过与外界隔绝而幸存下来，他独自坐在书房的两团巨大的明火之间与外界隔离。[6]

尽管欧洲的这场瘟疫最终在1353年消退，但在接下来的300年里，它以不可预测的方式反复出现，并引发了可怕的流行病。这些流行病往往集中在城镇而放过了周围的农村，但其受害者中的死亡人数仍然很高。拥有最稠密人口的法国和意大利受到的打击最为严重，该疾病几乎一个接一个地区地持续肆虐。英国受这些破坏的影响较小，因为该微生物在人口稀疏的岛屿中无

89

法维持生存，当地的每一场流行病都必须从欧洲大陆传入。

　　1665至1666年，文艺复兴鼠疫（也称伦敦大鼠疫）是该微生物的最后一次暴发，自此以后它从北欧完全消失了。著名的日记作家塞缪尔·佩皮斯在大鼠疫期间一直留在伦敦，目睹了死亡人数在1665年夏天以惊人的速度攀升。1665年8月，他在日记中写道：

　　　　本周这座城市总共死亡7 496人，其中6 102人死于鼠疫。但人们担心的是，本周真实的死亡人数接近1万人；一部分来自那些不被注意到的穷人，因为他们的人数太多，另一部分来自没人为他们敲响警钟的贵格会教徒和其他人。[7]

　　这时的英国首都仍然不比300年前发生黑死病时大多少，但其人口却增长了10倍，所以现在变得更加肮脏和拥挤。当该微生物无情地传播开来时，富人为了保命而离开，穷人则被命运抛弃；有些人虽然在瘟疫中幸存下来，但却死于饥饿。有一段时间，无政府状态盛行；许多人承担起护理病人和看守被隔离房屋的任务，但其明确目的是贿赂、抢劫甚至杀害无助的瘟疫受害者。死者被丢弃到街上，直到被收尸的推车收集起来并扔进匆忙挖掘的墓穴中。庸医比比皆是，当然也有许多医生、药剂师和护士竭尽所能，直到他们经常被该微生物击垮为止。尽管用皮革服装、含香料的喙状面具和熏香棒来保护自己，但毫不令人奇怪的是，负责放血和切割淋巴结的外科医生的死亡率最高。

　　正如瘟疫中经常发生的那样，这场流行病在冬季似乎有所缓解，但在1666年春天再次出现，就像富人认为返回这座城市是安全的那样。尽管最糟糕的时期已经过去，但在1666年底疫情最终消失之前，伦敦又有2 000人死去。官方公布的死亡人数为68 595人，死亡率为15%，但由于富人已经逃到乡下，以及正如佩皮斯指出的那样，许多死亡病例没有报告，真实的数字可能要高得多。

当然，中世纪的欧洲人一点也不知道某种微小的微生物可能要为他们可怕的痛苦负责，他们把这场瘟疫不同程度地归咎于罕见的行星连珠、瘴气或上帝的震怒。这场瘟疫的真正原因直到20世纪初香港暴发第三次鼠疫大流行之后才被发现。19世纪中叶以来，鼠疫在不被外界注意的情况下一直在中国云南积蓄力量，它于1894年抵达广州，夺去了当地10万居民中40％的人的生命。只是当该微生物入侵英占香港港口并威胁其全球商业利益时，才开始引起关注。这是细菌学的黄金时代，当时路易斯·巴斯德和罗伯特·科赫正忙于鉴定微生物并提出传染病的细菌致病理论（见第八章），所以当求救声响起时，两位经验丰富的细菌学家接受了挑战。亚历山大·耶尔森是一位腼腆的年轻瑞士微生物学家，曾在巴黎接受巴斯德的训练，并在远东地区广泛游历，而北里柴三郎则是一位专横的日本教授，以在柏林时与科赫一道在结核病和破伤风方面的开创性工作而闻名。当耶尔森于1894年6月抵达香港时，北里已为自己的实验室配备了五名助手。后者声称在受害者的血液中发现了"鼠疫杆菌"，并准备在医学杂志《柳叶刀》上发表这一发现。[8]没有得到任何帮助的耶尔森不得不自己搭建一个茅草屋作为实验室，他在鼠疫病例的血液中没有找到致病细菌。耶尔森热衷于在淋巴结中寻找作为罪魁祸首的微生物，但他被拒绝接触鼠疫受害者的尸体，这些尸体全部被留给了北里。两人之间的竞争非常激烈，最后，耶尔森不得不通过贿赂太平间的工作人员以获得他需要的研究材料。但一旦他得到了它，就把它变成了王牌。他发现了现在被称为鼠疫耶尔森氏菌的微生物（该微生物的命名是为了向他表示敬意），并在北里之后不久发表了他的发现。[9]但这引发了持续数十年的争论；起初大多数人认为著名的细菌学家北里是肯定正确的，慢慢地才意识到北里的研究存在缺陷。耶尔森发现了真正的鼠疫细菌，但遗憾的是，直到他去世很久以后的1970年，这种细菌才以他的名字命名。

在鼠疫于香港流行的时候，包括北里在内的大多数医生都认为鼠疫微生物藏在土壤中，它直接从这个病毒贮主跳到人类身上进行感染。只有耶尔森注意到在瘟疫肆虐的城市里遍布死老鼠的报道，并费尽心思进行调查。他认为，老鼠是该病毒传播的主要媒介，但这项研究任务三年后留给了他在巴斯德实验室的后继者保罗·路易斯·西蒙德，当时正在印度工作的西蒙德着手弄清了该微生物的生命周期，包括它依赖鼠蚤将其运送到人类身上。

92 　　在关于鼠疫微生物身份的争论激烈展开之时，该微生物本身却在香港悄然登上了前往印度、中东、非洲、欧洲、俄罗斯、日本、澳大利亚、美洲、印度尼西亚和马达加斯加等目的地的轮船。在大多数地方，它引发的疫情很快就得到了控制，但该微生物却在美国站稳了脚跟，并且从未被消灭。在印度，它引发了毁灭性的流行病，造成超过1 000万人死亡。1905年，印度鼠疫研究委员会成立，目的是解开鼠疫杆菌的流行病学原理，并设计出阻止鼠疫猖獗蔓延的方法。这个机构重复了西蒙德的工作，证实了该微生物主要感染啮齿动物，但利用鼠蚤将自身运送给人类。这样一来，灭鼠成为受感染城市控制鼠疫的主要手段，直到抗生素的出现把这个可怕的杀手变成了一种可治愈的疾病。

　　鼠疫耶尔森氏菌自然感染沙鼠、土拨鼠和地鼠等穴居啮齿动物，并通过吸血跳蚤在它们之间传播。啮齿动物对该微生物有不同程度的易感性，在有抗性的动物群落中，它可以连续循环而不会造成任何不良影响。当今世界上有几个这样的群落，被称为鼠疫疫源地，它们是该微生物的储存池。其中大多数的疫源地，包括加利福尼亚、南非和阿根廷，都只是在第三次大流行期间才建立起来，当时来自香港的微生物在当地的穴居啮齿动物中找到了新的宿主。19世纪90年代后期，鼠疫耶尔森氏菌抵达旧金山，可能是被一艘亚洲商船上的偷渡老鼠带到那里的，并在华人移民中引发了小规模的流行。几乎同时，地鼠就携带起了该微生物；从那时起它就在美国传播开来，当地有94 50多种啮齿动物可以作为潜在的携带者。这个巨大的疫源地从加拿大延伸到墨西哥，并从中间横跨美国，因此只要有机会，该微生物就随时可能跳到人类身上。

　　喜马拉雅山、欧亚大陆和非洲中部的鼠疫疫源地被认为是古老的疫源地。大多数专家认为，542年查士丁尼瘟疫引起的第一次大流行由非洲中部的鼠疫疫源地引起。但是，黑死病的起源就不是那么明确了。一些人认为它来自非洲的疫源地，但大多数人认为它来自喜马拉雅山的疫源地，这或许是受到了入侵的蒙古人的帮助，因为他们习惯于杀死（可能携带微生物的）土拨鼠来获取皮毛。

值得注意的是，最近的基因研究表明，鼠疫耶尔森氏菌仅仅是在大约1 500年（应为1.5万年——译者按）到2万年前才与其近亲假结核耶尔森氏菌分离，因此它对啮齿动物和人类来说都是一种相对较新的病原体。[10] 由于假结核耶尔森氏菌是一种肠道微生物，可以感染包括老鼠在内的许多哺乳动物，并在食物和水中传播，因此它一定是经历了几次重大的基因变化，才进化成了我们今天所知的由跳蚤传播的剧毒的鼠疫耶尔森氏菌。假结核耶尔森氏菌有时在啮齿动物的血液中循环，因此可能是叮咬动物的跳蚤携带的，但这将是一种死胡同式的感染，除非该微生物不仅能在跳蚤的肠道中生存和定植，而且还能在跳蚤的下一个受害者的咬伤部位繁殖和传播。大多数专家都认为，对于所有这些变化来说，即使是2万年的时间也太短而无法通过随机突变来完成进化，因此，该微生物一定是从其他细菌中提取了质粒，从而彻底改变了它的生命周期。

人类鼠疫大流行始于鼠疫耶尔森氏菌从其储存池中逃逸并感染其他野生啮齿动物，而这通常是由有利的气候条件和充足的食物供应导致的人口过剩造成的。这驱使鼠疫疫源地的居民在更大的区域内觅食，在那里他们更可能与其他物种接触（并与其他物种共享跳蚤）。其中一些物种对鼠疫耶尔森氏菌高度易感，尤其是在感染后数天内就会死亡的老鼠，正是这些动物形成了该病毒与人类流行病的关键性联系。

在今天欧洲的大部分地区，褐（下水道）鼠（*Rattus norvegicus*）是最常见的类型，它是一种起源于俄罗斯的耐寒动物。但由于它仅在上次鼠疫暴发后的某个时间才抵达英国，所以它不可能是黑死病微生物传播的媒介。这个可疑的罪责属于黑鼠（*Rattus rattus*）或家鼠，与褐鼠不同的是，它并不那么耐寒。它的祖居地在喜马拉雅山山麓的印度，但很久以前它曾遍布整个热带地区。到公元时代初期，黑鼠已经在北非确立了稳固的地位。然后，随着国际贸易路线的开辟，老鼠们随之接踵而来。它们乘船偷渡，跨越地中海，移居到所有主要航线上的港口。然后它们散布到整个欧洲，伴随着商队从一个城镇来到另一个城镇，在中世纪的某个时间抵达英国。通过与人类同居，它们在较冷的地区找到了一个生态位，在房屋的茅草屋顶、谷仓和畜棚中筑巢；作为领地动物，一个黑鼠群落通常占领一个农村家庭。但是在城镇里，黑鼠群落不分边界，它们几乎挤满了拥挤、肮脏的住宅。因此，到了中世纪，黑鼠已经完全可以充当鼠疫杆菌的中间宿主，而它们身上的跳蚤（每只老鼠平均有三只）则是运送鼠疫杆菌给人类的媒介。

一旦鼠疫杆菌在一个黑鼠群落中站稳脚跟，并通过它们的跳蚤在居民之间传播，老鼠就会迅速死亡。携带鼠疫杆菌的跳蚤抛弃了这个垂死的生物，因此在10至14天之后，该微生物就几乎消灭了整个老鼠群落。到那时，到处都是极度饥饿的跳蚤，尽管人类的血液对鼠蚤来说是第二好的，但在这个阶段，它们已经准备好尝试任何东西，只要咬上一口就足以给人类注射一种潜在的致命毒液。

世界上有2 500种不同类型的跳蚤，但并非所有的跳蚤都能传播鼠疫杆菌，印鼠客蚤（*Xenopsylla cheopis*）似乎是专门为这项任务而设计的。它的胃有一个入口瓣膜，可以让它充满血液而不会在这种昆虫下次进食时回流。但在它享受含有鼠疫杆菌的血液大餐之后，细菌繁殖形成一团微生物，与跳蚤胃里的血液混合，从而使瓣膜失活。因此，当跳蚤下次进食时，会使其胃含物（最多含有2.5万种细菌）回流到新的受害者体内。而不满足于此的沮丧的跳蚤仍然饥饿，继续拼命叮咬并传播细菌，直至它真的饿死。

因此，鼠疫患者不会直接传染给其他人，而跳蚤也无法在他们之间传播疾病，因为在人体血液中，鼠疫杆菌达不到跳蚤胃部发生堵塞所需的高浓度。但鼠蚤与人类不同，实际上它们紧紧抓住宿主并与宿主一起旅行。因此，如果一名访客在鼠疫患者家中不经意间拾起一只携带鼠疫杆菌的鼠蚤，鼠疫杆菌就会搭便车到其家中，不仅感染了携带者，还感染了当地的老鼠种群，使整个循环启动，大约24天后就可以产生一种新的人类疾病。鼠蚤也可以在没有老鼠或人类宿主的情况下存活一段时间，特别是在阴凉潮湿的条件下，因此鼠疫杆菌可以在长途海上航行中存活，即使它在船只抵达港口前杀死了当地的鼠群。

跳蚤通常会叮咬面部、手臂或腿部等暴露的皮肤区域，一旦感染了鼠疫杆菌，鼠疫杆菌就会分别传播并增殖到颈部、腋窝或腹股沟的局部淋巴腺。尽管人体免疫系统触发了警报，但该微生物拥有一套可以抵御攻击的装备。当巨噬细胞吞噬并试图杀死它时，它在巨噬细胞内愉快地生长，并诱使身体产生过量的抑制性细胞因子，杀死关键的免疫细胞。这一策略为该微生物的大量繁殖争取了时间，从而引起腺体膨胀成特征性的淋巴结炎，即巨大的、引起极度痛苦的脓肿。如果免疫攻击成功地将该微生物限制在腺体中，特别是如果脓肿破裂并排出恶臭的脓液，那么受害者就有可能存活下来。但是，鼠疫杆菌往往领先一步，溢出到血液中，攻击血管并引起重要器官的出血。皮肤出血产生典型的黑斑被称为"上帝的信物"，因为它们几乎总是受害者死亡的前兆。

这幅可怕的图片描述了持续4至5天的典型腺鼠疫，但在流行期间，许多人在发病后数小时内死亡。如果跳蚤将细菌直接注射到小血管中，就会发生这种情况，病情发展得如此之快，以至于受害者在淋巴结肿大之前就已经死亡。在另一些病例中，鼠疫杆菌从腹股沟逸出并在肺部定植，引起肺炎。然后，患者咳出带有细菌的血痰，将传播途径转换为空气中的飞沫。任何吸入这些飞沫的人都会发展成原发性肺鼠疫，这是一种迅速发展且普遍致命的疾病（图4.2）。因此，与典型的腺鼠疫不同，肺鼠疫直接在人与人之间传播。在大多数流行病中，多达四分之一的病例是肺炎，但也有整个肺鼠疫的流行，最近一次是在1910和1920年的中国东北。尽管它的死亡率高得惊人，但由于产生的飞沫如此之重以至于该微生物只能在离患者几米远的地方传播，加上这种疾病是如此迅速地致命，这些流行通常仍局限在本地并且相对容易

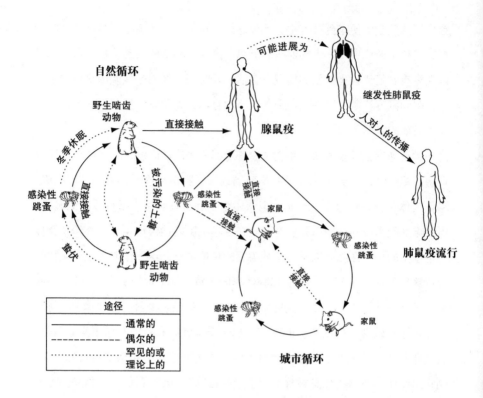

图4.2 鼠疫的循环模式
（资料来源：尼尔·R.张伯伦，博士学位论文，斯蒂尔大学柯克斯维尔骨科医学院）

控制。

　　大多数学者一致认为，黑死病以及随后持续了300年、以伦敦大鼠疫结束的瘟疫周期，是由鼠疫耶尔森氏菌引起的典型的腺鼠疫大流行。但由于该细菌直到黑死病发生600年后才被发现，这主要是根据目击者的描述，特别是对特征性的淋巴结炎的描述推测出来的。最近，一些科学家和历史学家质疑这一假设，他们指出淋巴结炎并非鼠疫所独有，在黑死病发生时，人们确凿地认为患者具有高度传染性。[11]有许多第一手的报道证实了这一点，以下是教皇克雷芒六世的医生盖伊·德·乔利亚克于1348年黑死病袭击阿维尼翁时的记录：

它是如此具有传染性，特别是伴随着吐血，以至于人们不仅通过待在一起，甚至通过互相看对方，都会被它感染。结果人们去世时没有随从，下葬时没有牧师。父亲不去看望儿子，儿子也不去看望父亲。慈善机构死了，希望破灭了。[12]

这一描述当然可以指肺炎形式的疾病，就像"吐血"所暗示的，但为防止人与人之间直接传播而采取的检疫和隔离措施不会对老鼠及其跳蚤有任何抑制作用；然而，有时这些措施似乎制约了这场流行病。除此之外，即使是最详细的目击者陈述也没有提及一只死老鼠，我们当然有更进一步调查的理由。

1665年9月遭受了鼠疫袭击的英格兰比郡亚姆村的应对措施现在广为人知，它被用来说明人们普遍相信隔离措施。根据流行的传说，鼠疫杆菌是搭乘伦敦（鼠疫在当地肆虐）运来的一盒布（可能含有受感染的跳蚤）来到这个村庄的。流动裁缝乔治·维卡打开了这个盒子，他很快病倒并死于鼠疫。从这个病例开始，一场流行病蔓延到整个村庄，尽管它在冬天几乎消失了，但很快在1666年春天又出现了，而且愈演愈烈。到了这个阶段，所有有能力离开的人都离开了这个村庄，村教堂的牧师威廉·莫佩松牧师劝说那些留下来的人隔离这个村庄，以希望如果没有人进入或离开，流行病将得到控制，从而拯救周围的人群。因此，从1666年5月至12月，村民与外界完全隔绝，唯一的接触点是村庄边的界石，他们满怀感激的邻居在那里留下食物和医疗用品。人们只能眼巴巴地等待并看着瘟疫摧毁了家庭、制造了孤儿并分离了恋人。疫情在8月份达到高峰，12月份结束；在这一年中，350名村民中有259人丧生。那一年在附近的村庄没有鼠疫报告，所以尽管隔离并没有阻止该微生物在亚姆村的无情传播，但显然它成功地避免了被传播到更远的地方。

那些怀疑这场流行病是由鼠疫耶尔森氏菌引起的人争辩说，隔离并不能阻止老鼠把该微生物带到其他村庄，但由于亚姆村地处偏远地区，可能更容易被携带在人身上或货物上的受感染跳蚤传播到周围的村庄，正如它当初抵

101　　达该村庄时那样。在疫情中失去了妻子凯瑟琳的莫佩松细致地记录了该微生物的破坏过程，今天横穿该村庄的历史小道（History Trail）成为对其悲惨过去的痛楚提示。通过对整个事件进行逐户的精确重建，一些人指出，该微生物以大约32天的潜伏期在人与人之间直接传播，受害者在过去18天内具有传染性；接着，病情持续5至7天，最终要么死亡要么康复。[13] 如果这种假设是正确的，那么村民们所患的疾病肯定不是鼠疫。

　　其他使某些专家信服的论点认为，无论是什么引发了黑死病的肆虐和随后的暴发，但都不是与黑鼠及其寄生跳蚤有关的鼠疫耶尔森氏菌。由于在中世纪的欧洲没有鼠疫疫源地（现在仍然没有），该微生物必须在大流行开始时输入，然后维持在当地的啮齿动物种群中。由于褐鼠只是到18世纪时才在欧洲定居，黑鼠是唯一能够携带该微生物的啮齿动物。然而，他们认为，由于黑鼠需要温暖环境，所以它们在南欧以外的欧洲任何地方都不常见。因此，尽管黑鼠作为船舶货物的一部分抵达北欧港口，但小冰期的寒冷冬天阻止了它们向遥远的内陆扩散。但也有人认为，黑死病显然是沿着贸易路线在欧洲蔓延开来的，这正是黑鼠跟踪从沿海向内陆运送粮食时所经由的路径。此外，在英国的罗马营地遗址，包括北部的约克，也发现了黑鼠骨骸[14]，但这当然不能证明它们分布广泛。

　　或许一个更有说服力的论据是，由鼠疫耶尔森氏菌引起的黑死病达不到
102　　鼠蚤繁殖周期所需的最低温度18℃。所以有人说，在中世纪的北欧，跳蚤只在夏季活跃，而不能在冬季传播该微生物。考虑到这一点，他们认为，如果黑死病是由跳蚤传播的鼠疫杆菌引起的话，这种疾病不可能在短短三年内席卷整个欧洲。关于老鼠/跳蚤的争论在冰岛的案例中最有说服力，据说冰岛当时没有老鼠。尽管如此，1402和1494年，冰岛暴发了毁灭性的鼠疫，甚至没有被寒冷的北极冬季所阻止，它们由来自英国的船只携带进入当地，并蔓延至整个岛屿。

　　最后一个论据指出，大流行期间的死亡率对于真正的鼠疫来说太高了。大多数专家一致认为，黑死病导致了30％～40％的人口死亡，在一些疫情

中，死亡率高达60％～70％。他们说，这一数字高于最近的流行病记录，在这些流行病中，至多有2％的人口死亡。对于传统的瘟疫来说，这一数字太高了。然而，在真正的鼠疫暴发中，死亡率会根据（人与人之间传播的）致命性肺炎的病例数量而有所不同。

这些证据似乎对鼠疫耶尔森氏菌引起黑死病的观点提出了合理的怀疑，但可供替代的解释是什么？

否认黑死病是由鼠疫耶尔森氏菌引起的专家们认为，这场流行病可能是由该微生物的祖先引起，其行为与我们今天所知的非常不同；也可能是由炭疽引起，但他们倾向于主张它是由一种与埃博拉病毒相似的尚未确认的出血热病毒引起。[15]他们推测，这种类似于埃博拉的病毒可能是早期人类从非洲其他灵长类动物身上获得的一种古老的人畜共患病。他们进一步指出，它引发了雅典瘟疫、查士丁尼瘟疫和当时的其他瘟疫，然后在早期中东文明中找到了一个生态位，直到它暴发并导致了黑死病。这些说法似乎有些牵强，尤其还没有具体证据可循，但如果属实，那么为什么在真正的腺鼠疫肆虐亚洲和北非之际，这种病毒在黑死病后的300年内一直被限制在欧洲？在鼠疫大流行的300年间，必定有许多其他微生物也在传播，或许流行病的大混合可以解释那些对鼠疫耶尔森氏菌是唯一罪魁祸首这一说法持怀疑态度的专家们所强调的差异性。在鼠疫受害者的遗骸中寻找鼠疫耶尔森氏菌特有的DNA应该能提供答案。2010年，一群科学家公布了这项研究的结果。他们从欧洲北部、中部和南部的黑死病和后来流行病的乱葬坑中明确地鉴定出了鼠疫耶尔森氏菌的DNA，从而澄清了这种毁灭性疾病的原因。[16]

1720年，法国南部的马赛见证了鼠疫在西欧的最后一次暴发，但关于这场流行病的最后一个悬而未决的问题是，为什么它在文艺复兴鼠疫之后消失了。这场鼠疫的消亡有许多可能的原因，但没有任何一个原因令人特别信服。首先，300年的时间足以使一个种群产生遗传抗性，有证据表明，如今约1％的欧洲人携带的一种基因（无意中保护了他们免受HIV病毒感染）可

103

能已经对这种鼠疫产生了抗性。[17]然而，鼠疫耶尔森氏菌的毒力并没有减弱的迹象；1720年它在马赛的流行杀死了三分之一到一半的人口，1907年旧金山暴发疫情时，160名患者中有78人死亡。这种高毒力可能是因为鼠疫耶尔森氏菌主要生活在啮齿动物中，不太适应作为偶然的终端宿主的人类。事实上，印度鼠疫研究委员会发现，只有那些能在跳蚤胃里迅速生长并达到很多数量的微生物才会引起跳蚤胃部的堵塞，而这种堵塞是鼠疫转移到人类身上的必要条件，因此它本身会选择高毒力的病毒株。[18]

气温的变化与1450年左右开始的小冰期相一致，这也产生了不利的影响，因为鼠疫在北欧的冬天通常难以生存。如果这是由于老鼠及其跳蚤需要取暖，那么用砖瓦房代替木屋和茅草屋的做法（该做法发生在这一时期，1666年的伦敦大火加速了这一进程）必定剥夺了它们温暖的筑巢地点。事实上，到了18世纪，黑鼠主要被更耐寒的褐鼠所取代。这些变化，再加上民众总体健康状况和营养状况的改善，可以为欧洲这个凶残杀手的终结提供最好的解释。

全世界估计有2 500万人死于黑死病，仅在英格兰，死亡人数就达140万左右，大约占其总人口的三分之一。很显然，短短三年内的这种巨大损失对幸存者产生了深远的影响，在我们的文学作品中仍然可以找到对这一毁灭性事件的若干提示。著名的童谣《玫瑰花环》和罗伯特·勃朗宁的诗歌《哈默林的花衣吹笛人》据说都是受到这场瘟疫的启发，而乔万尼·薄伽丘的百部中篇小说集《十日谈》开篇就是对瘟疫的生动描述，它写于1348年瘟疫肆虐佛罗伦萨之时。

对于这场大流行是否真的改变了历史进程，仍有很多争论。当然，在大流行肆虐的地方，混乱接踵而至，人们的恐慌情绪本身会变得具有传染性。即使是现代时期的流行病，例如HIV病毒，在最终接受不可避免的后果之前，也会引发一系列的恐怖和恐慌、否认、愤怒和寻找替罪羊、不合逻辑的推卸责任、士气低落和冷漠。这取决于我们对微生物的了解以及与之做斗争的方式；它比一场毫无理由突然暴发的流行病要可怕得多。富人和健康者逃走了，死尸被留下直至腐烂，小偷和骗子抓住了机会，田地无人耕种，牲畜也无人照看。但总的来说，当最坏的情况结束时，幸存者们尽他们所能地继续生活下去。

大多数历史学家认为，黑死病是在一个匮乏和饥荒的时期发生的，它加剧和加速了社会与经济变革，而这预示着现代时期的到来。[19] 关于封建制度的瓦解，已经有很多的研究，有人主张黑死病是引起它解体的直接导火索，但也有人认为，在黑死病肆虐之前，这些变化已经取得了重要的进展。不管真相如何，幸存下来的农民肯定受益匪浅。随着急剧下降的人口在300年的时间里无法恢复，幸存者们突然发现自己拥有了更多的土地，他们的工作需求也十分旺盛。与此同时，粮食的生产过剩导致物价下降和生活水平提高。但随着鼠疫的最终消失，其他微生物也开始崭露头角，填补了前者最近被腾空的生态位。尤其是群体性疾病继续造成人员伤亡，其中最令人恐惧的是天花。

天　花

致命的天花病毒（重型天花或大天花）是人类最早的人畜共患传染病之一，杀死了大约三分之一的感染者，但它究竟是如何、何时和何地把它的忠诚转移到人类身上是一个有争议的问题，人们可能永远也无法知道。有人认为天花是猴痘的人类形式，是我们远古祖先在非洲赤道地区获得的，还有人认为天花是在驯养牛的时候从牛痘进化而来的。但最近的分子分析显示，重型天花的近亲是引起骆驼痘和沙鼠痘的病毒，这表明这三种病毒都是在较近的时期从一个共同的祖先中产生的。[20] 天花病毒和麻疹病毒一样，只有当种群规模足够大和足够密集来维持它时，才能成为一种纯粹的人类病原体，最早可能提供这种生态位的文明包括建立在灌溉农业基础上的幼发拉底河、底格里斯河、尼罗河、恒河和印度河流域文明。骆驼和沙鼠在这些地区都很常见，所以或许在大约5 000至1万年前，啮齿动物的一种古老的痘病毒就转

106

移到了人类和骆驼身上。当然，这些中心从很早的时期起就有天花存在的证据。来自印度的梵文医学文献提到一种听起来像天花的疾病，表明它可能在公元前1500年左右就在那里被发现，写于公元前3730至前1555年间的古埃及纸草中的描述也有对天花的暗示。[21]但最有说服力的证据来自可追溯至公元前1570至前1085年间的三具埃及木乃伊，这些木乃伊的皮肤损伤让人想起了天花。在从其中一具木乃伊——于公元前1157年突然死亡的法老拉美西斯五世，当时他只有30岁出头——的皮肤损伤提取的样本中，在电子显微镜下发现了类痘病毒。[22]

107　　在早期，欧洲由于人口过于稀少而无法永久性地保持天花的传播，尽管偶尔会有疫情从北非蔓延过来。直到希腊帝国崛起时，该微生物才能够朝这个方向扩展其领地。事实上，公元前430年的雅典瘟疫（见第三章）很可能是它在欧洲的首次亮相，从那时起它就一直在传播，尤其是在法国和意大利人口最多的地区。然而，在人口稀少且分散的不列颠，天花可能只是一个偶尔到来的访客，不时地从欧洲大陆穿越英吉利海峡。直到它随着1066年入侵的诺曼人和12、13世纪返回的十字军而抵达英国，这种病毒才在此建立了永久的基地。

图尔主教格雷戈里对天花疫情做了最早的描述，该流行病在580年袭击了法国和意大利：

> 这就是身体虚弱的本质，某个人在发高烧之后，全身都是囊泡和小脓疱……囊泡是白色的，坚硬不屈，使人非常痛苦。如果病人能活到囊泡成熟，它们会破裂，并开始流出脓液，这时疼痛会因身体与衣服的黏连而大大增加……在其他人中，感染了这种瘟疫的埃博林伯爵夫人身上布满了囊泡，她的手、脚和身体的所有部位都不能幸免，她的眼睛也被囊泡完全糊住了。[23]

天花病毒经空气传播被受害者吸入，一旦进入体内，就会在淋巴腺繁殖；然后，它进入血液并瞄准所有主要器官。它在淋巴腺中花费两周时间繁殖，直到成千上万的病毒涌入血液，从而出现疾病的最初迹象。从咽痛、头痛、发烧，以及可能由微生物引起的全身酸痛开始，四天后出现特征性皮疹，令人害怕的诊断得到证实。这种疾病从致命的出血性天花（出血引起痘疱变黑和合并）到更常见的痘疱形式都有，后者随着人体免疫系统攻击这些病毒工厂，其痘疱会经历一系列变化。从不连续的红色斑点开始，刚开始痘疱充满液体，随着脓液的积聚它从银色变成黄色。在第八天，痘疱开始破裂，释放出含有病毒的物质，然后干燥成痂。这些痂最终会脱落，但常常留下难看的疤痕，有时还会导致失明。在长期的病程中，患者通常会保持清醒，但疼痛难忍，这不仅来自痘疱，也来自受损的内脏和化脓性口咽溃疡。病毒从这些溃疡中以飞沫的形式传播，但由于这些飞沫相对较重而不会传播很远，主要威胁密切接触患者的家庭成员。在合适的条件下，病毒可以在环境中存活很长时间，而且由于痘疱脓液和疥疮都含有数千种病毒，这些病毒可能潜伏在灰尘中，或者藏在衣物或毯子中被带走。

　　天花的R_0值为5～10，这种病毒平均会感染一半左右的非免疫接触者。这听起来已经够糟糕了，但与麻疹（R_0值为15，传播给90％的接触者）相比，天花的传播还不是太成功。尽管这两种病毒可能都是在早期农业时代首次转移到人类身上，但天花病毒对人类的适应能力要差得多，所以在人类身上仍有很强的毒力。这一显著差异可由它们的基因构成解释：麻疹有一个天然的高突变率RNA基因组，而天花病毒则是一种稳定的DNA病毒，需要更长时间才能适应人类。有趣的是，20世纪初在南美洲出现的一种变异病毒轻型天花（小天花），引发了一种轻症天花，致死率约为1％。这可能是一种适应人类的病毒株。随着时间的推移，它可能已经取代了毒力更强的病毒株，但由于该病毒现已从野外被消灭了，我们永远都无法知晓其原因。

　　由于天花病毒不是一种高效传播工具，而且在潜伏期内无隐性传播，也没有人或动物作为其藏匿的容身之地，人们怀疑它是如何在世界各地造成巨大破坏的。在高峰期，每年大约有40万欧洲人死于天花。据估计，仅在20

108

109

世纪，全世界就有大约3亿人因此丧生。但如果没有人类的协助和支持，这种病毒就不可能获得这样的控制力，我们的生活方式更是再次助长了它的传播。

天花是一种典型的群体性疾病，它随着城市化达到了顶峰，随后由于18世纪末工业革命带来的城市贫富差距而加剧。查尔斯·狄更斯在其写于19世纪的作品中富于表现力地记录了伦敦穷人的困境，那里的整个家庭常常拥挤在一个又冷又潮、遍地害虫的房间，没有通风设备，也没有垃圾处理设施。当时没有组织为穷人提供资助，肮脏的街道上挤满了无家可归和穷困潦倒的人。与当时几乎所有的传染病一样，已知仅有的天花预防措施（隔离病例和逃离疫区）只向富人敞开大门，因此穷人在大流行中首当其冲。尽管如此，天花病毒还是无处不在，连富人和名流也无法完全逃脱。只要看一眼欧洲王室的家谱图，就足以让你相信天花在许多情况下通过夺去在位君主及其继承人的生命，改变了历史进程。在英国，伊丽莎白一世登上女王之位仅仅四年后，当她在汉普顿宫逍遥自在时，该微生物悄然来袭。当医生提到她可能患上了天花时，她把医生打发走了，但同一天晚些时候，她出现了特征性皮疹并陷入昏迷，医生不得不被匆忙召回。由于没有继承人，加上欧洲局势动荡不安，最近从法国返回苏格兰的玛丽女王已经逼近，这不是伊丽莎白女王去世的好时机。万幸的是，她恢复了容貌，毫发无损地继续统治了英格兰41年。但其他人就没那么幸运了。

几个世纪过去了，这种病毒的控制力愈来愈强。到17世纪末，鼠疫几乎从欧洲消失，麻风病也在减少，天花成为最常见的杀手，占伦敦所有死亡人数的5％以上。王室家族也难以幸免；在其父亲查理一世被处决11年后的1660年，查理二世被从法国召回，当时斯图亚特家族一切看起来都很好。但在不到一代人的时间里，斯图亚特家族就被这个致命的病毒消灭了。查理二世的弟弟亨利和妹妹玛丽死于该病毒，由于没有合法的后代，他的王位由弟弟詹姆斯二世继承。詹姆斯仅有的一个儿子也死于天花，因此三年后当他因其不受欢迎的天主教信仰而被迫放弃王位时，王位传给了他的女儿玛丽二世及其丈夫、表亲奥兰治的威廉。在他们即位后不久，膝下无子的玛丽死于天花，所以威廉（他小时候得过天花而幸存下来，但双亲都死于该疾病）独自一人统治了八年。他的王位由玛丽的妹妹安妮继承，而安妮的独子也死于天花，因此她的去世宣告了斯图亚特家族的终结。而英国王室并不是欧洲唯一遭受天花病毒侵袭的王室。在斯图亚特王朝结束后的80年内，奥地利皇帝约瑟夫一世、西班牙国王路易一世、法国国王路易十五、瑞典女王尤利卡·埃列诺拉和俄罗斯沙皇彼得二世都死于这种疾病。111

　　天花的流行频率和凶猛程度一直在增加。直到19世纪，这种模式终于被打破，首先是由于种痘术的出现，然后是由于疫苗接种（见第八章）的产生。但在此之前，这种病毒和数百种其他的微生物已经一起走向了全球，在新世界遭遇的完全陌生的人群中开始了它的杀戮循环。

第五章　微生物走向全球

随着上一个冰河时代结束后海平面的上升，连接西伯利亚和阿拉斯加的112白令海峡陆桥被淹没，美洲成为一个岛屿。大约1.4万年前跨过陆桥的蒙古利亚人种的后代被孤立起来，与旧大陆的居民及其微生物相隔绝。在前面的章节中，我们关注了旧大陆传染病微生物的进化；现在，我们穿越大西洋，在新大陆追踪美洲原住民的情况。

到15世纪末新旧大陆之间的联系重新建立时，美洲原住民约有1亿人，其中一些生活在分散的社群中，但也出现了两大繁荣的文明——秘鲁的印加文明和墨西哥中部的阿兹特克文明，它们各有大约2 500万至3 000万人。尽管这两大文明的人群都远远超过了维持欧亚大陆人熟悉的急性传染病所需的数量和密度，但在欧洲人入侵之前，这些疾病在美洲都不存在。因此，虽然从西伯利亚穿越陆桥而来的狩猎采集者的后代熟悉我们从类人猿祖先那里继承下来的古老的持久性微生物，例如疱疹病毒、寄生蠕虫（见第三章）和可能的皮肤病雅司病（见第128—129页），但从未遇见过引起"新的"急性传113染病的微生物。

美洲没有群体性疾病微生物的原因可能很简单。在旧大陆，这些微生物是从家畜身上转移过来的（见第三章），但是在美洲，野生猎物很快被狩猎采集者群体消耗殆尽，剩下的物种中几乎没有适合驯化的对象。事实上，在整个北美和南美，美洲原住民都只饲养火鸡、鸭子、豚鼠、美洲驼和羊驼，而这些动物都不是可能向人类输送微生物的传统畜群动物。即使是大约6万年前从狼那里驯化出来、很可能是和狩猎采集者一起穿过陆桥的狗，它也不携带能够向人身上转移的微生物。

在寻找和开拓新领土愿望的驱使下，新旧世界在15世纪的相遇给双方都带来了潜在的益处。对欧亚大陆的人来说，高热量的土豆和玉米以及富含维生素的辣椒和西红柿有助于避免匮乏与饥饿，而旧大陆饲养的动物补充了以素食为主的美洲原住民的饮食结构，克服了其易受饥荒的弱点。但随着商品和人员的交换，也不可避免地出现了微生物的交换，这并不是一个公平的双向过程。传播的方向绝大多数是从欧洲入侵者到原住民，其结果对美洲原住民来说是灾难性的。我们再一次见证了，经过几个世纪的历练，微生物在缺乏遗传抗性的人群中间是多么的猖獗。到目前为止，那些在欧亚大陆人群中引起相当轻微疾病的微生物在美洲原住民人群中引发了毁灭性的流行，有时甚至消灭了整个社群。

114   因此，对于美洲原住民来说，1492年克里斯托弗·哥伦布的到来代表了在相对没有急性传染性微生物的生活和被几十种微生物杀戮的生活之间的分水岭。在美洲所发生的遭遇是千百年前欧亚大陆发生事件的回放，但现在是以快进的形式进行。那个时候，微生物在有机会繁衍生息之前不得不等待每个社群达到临界的规模和密度以及贸易线路的开辟。但从15世纪开始，在横渡大西洋中幸存下来的微生物涌入新世界，并突然袭击了原住民。对于欧亚大陆人经验丰富的免疫系统来说，这些病原微生物的严重程度不等，从天花和白喉（在大约10%的病例中仍然致命）到麻疹、猩红热和百日咳，再到较轻的流感、腮腺炎、德国麻疹和普通感冒。但对于原住民的免疫系统来说，几乎所有的一切都意味着灾难；其结果是在接下来的120年里，美洲原住民遭受了毁灭性的打击，人口减少了90%。[1]许多部落整个地被消灭，他们的文化和语言也永远消失了。事实上，在哥伦布到达时居住着大约800万美洲土著居民的伊斯帕尼奥拉（今天的海地），40年后无人幸存下来。一位尤卡坦半岛的玛雅印第安人对欧洲人到来之前的时代进行了充满渴望的（也许是有点理想化的）描写：

那时没有疾病，没有骨头疼痛，没有高烧，没有天花，没有胸口灼热，没有腹痛，没有肺病，没有头痛。那时的人类进程是有秩序的。外国人来到这里以后，一切都改变了。[2]

当哥伦布第一次踏上加勒比的土地时，他发现了一块种植甘蔗的理想之地，以及拥有大量廉价劳动力的种植园，到了16世纪初，欧洲对蔗糖的需求远远超过了西班牙种植园的生产能力。土地和劳动力都供不应求，因此，当西班牙驻古巴总督迭戈·韦拉斯奎兹听说墨西哥拥有富庶和繁荣文明的传闻时，他派埃尔南多·科尔特斯前去调查。接下来便是一个人们熟悉的故事，但在这里值得重述，它可以作为微生物如何影响历史进程的有力例证。科尔特斯只带着16名骑兵和600名步兵起航前往美洲大陆，1519年登陆墨西哥海岸，在那里建立了一个基地，开始收集情报并在当地印第安人中招募盟友。这一小群人随后前往阿兹特克首都特诺奇蒂特兰，蒙特祖马皇帝相信科尔特斯是白皮肤的神灵奎扎尔科亚特，回来履行阿兹特克人的古老预言，因而热情地欢迎他们。但是，或许是由于科尔特斯表现得不够虔诚，双方关系很快恶化，他匆忙撤回海岸，但在此过程中损失了一半以上的士兵。1520年的大部分时间里，科尔特斯都在招募更多的当地印第安人，为接下来的反击做准备，而在这时天花袭击了阿兹特克首都。所有的原住民对该病毒都一无所知，因此致死率极高。一位美洲原住民后来写下了这篇关于天花袭击的悼词：

……它像巨大的毁灭一样在人民中间蔓延。它覆盖了有些人的全身——脸、头、胸。发生了一场大浩劫。死于这场浩劫的人不计其数。他们不能行走，只能躺在休息处和床榻上。他们无法动弹，也不能激动，不能改变姿势，不能侧卧，不能俯卧，也不能仰卧。如果他们激动起来，就会大声喊叫。它的毁灭是巨大的。全身满是脓疱，许多人死于脓疱的发作。[3]

116 科尔特斯于1521年返回围攻特诺奇蒂特兰，天花造成的破坏再加上饥饿，使这座城市在短短的75天内就沦陷了。

1532年，当弗朗西斯科·皮萨罗和他的军队入侵印加帝国时，同样发生了一场可能是天花的流行病。在16世纪20年代的某个时间，第一次天花大流行袭击了印加帝国，杀死了大约三分之一的人口，也摧毁了皇室家族。被人民奉为太阳神的专制君主瓦伊纳·卡帕克皇帝与许多军事领袖、总督和皇室成员相继去世。他的儿子和继承人尼南·库尤奇也同时去世，使帝国陷入混乱，并引发了一场内战，最终导致两个对立派系对国土的分裂。1532年，只有62名骑兵和106名步兵的皮萨罗军队在这场混乱中进军，尽管在他进入卡哈马卡时与之迎战的是阿塔瓦尔帕皇帝率领的8万大军，但皮萨罗还是轻松获胜。起初皮萨罗及其部下被面前的浩荡大军吓坏了，但令他们吃惊的是，他们没有损失一兵一卒就俘虏了阿塔瓦尔帕。皮萨罗的一个手下写信给西班牙国王报告说：

> 我们所有人都感到害怕，因为我们的人数太少了，而且我们已经孤军深入到一个我们不能指望得到增援的地方。
>
> 首先出现的是一个印第安人中队，他们穿着五颜六色的衣服，像一块棋盘。他们向前行军拔掉地上的稻草并清扫了道路。接着来了三个中队，他们身穿不同的服装唱歌跳舞。然后来了一队穿着盔甲、大铁板和金银冠冕的人。他们携带的金银器具如此之多，以致可以观察到太阳照耀在它们上面的壮观景象。在队伍中有由精致木料做成的阿塔瓦尔帕雕像，木料的末端镶着银边。80个穿着华丽蓝色制服的贵族把他扛在肩上，阿塔瓦尔帕本人穿着华贵，头戴皇冠，脖子上戴着一个大翡翠项圈。[4]

117

一旦皇帝被俘，战斗就结束了。皮萨罗控制他以勒索赎金，从他的臣民中获取巨额财富，以换取他的自由。但是当皮萨罗得到了所有的财富后，却把皇帝处死了。

这些胜利和其他西班牙人战胜美洲原住民的胜利之所以不可避免，有很多原因，尤其是因为大多数人以前从未见过白人（那些"可怕的海洋怪物、留胡子的人在海上的大房子里移动"[5]）。而就阿兹特克人而言，他们将科尔特斯的到来解释为一个古老预言的实现。另外，一种全新的战争类型，包括冲锋的马、喷火的枪和锋利的剑，对于那些手持石斧、吊索、弹弓和箭矢的人来说，它的影响一定是十分可怕的。但毫无疑问，袭击美洲原住民的毁灭性微生物使他们在这些早期袭击中缺乏抵抗力，这在随之而来人数处于劣势的西班牙人取得轻松而迅速的胜利中发挥了作用。美洲原住民的命运被天花封印，这种毁容性疾病的突然暴发及其产生的令人沮丧、迷失、麻木的效果，毫无缘由地杀死了大量民众。这场流行病不仅及时地帮助了西班牙人，也使印第安人战斗部队严重减员，夺走了他们的领袖并使他们士气低落。西班牙人和美洲原住民都相信，这种毁灭性的疾病——它杀死了大约三分之一的美洲原住民，同时放过了西班牙人（他们大多数人在童年时期的感染后获得了免疫）——是被愤怒的上帝作为对先前罪行的惩罚而降下的。一连串可怕的事件似乎证实了西班牙人的优越性，美洲原住民只能默默接受。

不可避免地紧随天花流行而来的，是来自旧大陆的其他数十种微生物（包括麻疹、德国麻疹、流感、白喉、猩红热、伤寒、百日咳、痢疾、腮腺炎和脑膜炎）横渡大西洋来到美洲，因此，在科尔特斯抵达墨西哥中部的50年之内，只有十分之一的美洲原住民幸存下来，其人口从3 000万人骤降至300万人。

在这些先前与世隔绝的民族中，输入性疾病导致的死亡在16和17世纪达到高峰。到1700年，欧亚大陆的微生物在美洲的扩散已经完成，或许还有一些美洲的微生物在欧亚大陆传播。自此以后，新世界的传染病模式稳定为周期性的儿童流行病，而这种流行病模式几个世纪前就已在欧亚大陆确立。

类似的事件虽然规模不大，但在全世界其他许多孤立的社群，包括大洋洲的原住民和毛利人、太平洋岛民和非洲南部的科伊桑人，都有发生。他们的人口大量减少，通常主要是由于麻疹，有些人没能活下来。这些种群及其文化和语言又一次永远地消失了。

奴隶贸易

由于美洲原住民人口在如此短的时间内急剧减少，加勒比地区利润丰厚的欧洲蔗糖种植园主们迫切需要廉价的劳动力，他们找到的解决办法是从非洲贩卖奴隶。这种人类身体的贸易始于16世纪初，1640至1680年间达到顶峰，直到1820年它在大多数国家被宣布为非法。在此期间，估计有1 200万至2 000万非洲人被运到美洲，主要是从西非运到加勒比的蔗糖种植园。

16世纪的西非与致命的微生物（尤其是引起疟疾和黄热病的微生物）联手，被称为"白人的坟墓"，不久这些微生物就来到了美洲。这些"新的"微生物对美洲原住民和欧洲人都进行了恶毒的攻击，但疟疾倾向于避开非洲奴隶，因为他们对疟疾具有遗传抗性。因此，尽管非洲奴隶对其他"欧洲"微生物易感，但他们并没有像美洲原住民那样迅速死亡，其数量很快在许多地区特别是加勒比地区超过了原住民。

疟疾寄生虫和黄热病病毒输入美洲的途径并不像其他急性传染病微生物那样简单，因为这两种微生物都需要蚊子作为媒介。疟疾寄生虫可以在看似健康的携带者血液中存活一段时间，因此它们可能在非洲奴隶体内多次从非洲前往美洲。但是，直到它找到了合适的蚊子种类能把它从一个人传播到另一个人，该微生物才在新世界扎根。这种蚊子也可能是从非洲输入的，但考虑到疾病的传播速度，该微生物的传播更有可能是由美洲当地的蚊子种类来完成的。到1650年左右，疟疾在加勒比和地势低洼的热带大陆地区流行，并从这里传播到整个美洲。这种寄生虫只是在20世纪初才从美国被消灭，但对于当今南美某些地区它仍然是一种威胁。

到17世纪中叶，黄热病病毒在新世界也有了稳固的立足点。该病毒可能只是引起了一种相对较轻的流感样疾病（通常伴有头痛、发烧、肌肉酸痛、恶心和呕吐），但5%～20%的患者会发展成致命的出血热。给这种致命疾病起的各种名字生动地描绘了它的主要症状："黄热病"（yellow fever）是指伴随有肝脏衰竭的黄疸，西班牙名字"黑色呕吐物"（vomito negro）是指由内出血引起的黑色呕吐物；由英国水手创造的"黄杰克"（yellow jack）指的是受黄热病袭击的船只驶入港口时悬挂的黄色检疫旗帜，而不是指黄疸。

黄热病病毒的天然宿主是西非热带雨林中的猴子，由生活在树冠并在布满雨水的树洞里繁殖的蚊子传播。猴子作为这种病毒的贮主，自然的森林循环不会给它们造成任何问题，但任何进入森林的人都有被携带病毒的蚊子咬伤并发展成致命疾病的危险。砍伐森林是一项特别危险的工作，因为砍伐树木会把树冠上的蚊子及其繁殖池带到地面。一旦感染了人类，这种病毒就可以通过所谓的城市循环中的蚊子在人类中间直接传播。埃及伊蚊尤其适于从事这项任务，因为它们喜欢和人类一起生活，以人类血液为食，居住在人类的房屋中并能在水箱中繁殖。一旦这些蚊子吸取了这种病毒，它们就会携带终身（一到两个月），甚至会把病毒传给后代。

与疟疾不同，黄热病患者要么死亡，要么完全康复，不存在隐性感染者。因此，这种病毒一定是借助其蚊子媒介登上奴隶船从西非前往美洲的。这些昆虫可以在船上的水桶中繁殖，并将病毒传播给沿途的乘客和船员，从而在6到8周的跨大西洋航行中存活下来。随后，携带病毒的蚊子从被隔离的船只上飞上岸，疫情从此开始，使所有控制该疾病的努力变为徒劳。

1647年，巴巴多斯报告了新大陆的首次黄热病流行。随着奴隶贸易的增加，该病毒传播到加勒比群岛和南美洲，然后向北传播到美国大西洋沿岸的港口。起初，每一场流行都是由与运奴船一同来到当地的一批新蚊子引起的，但很快这些蚊子就在南部湿热地区定居下来，并感染了当地的猴子种群，该流行病就成了地方病。美国的第一次流行发生在当时的政府所在地费城，导致了4 000人死亡，这是促使美国政府决定在马里兰州另建新首都的一个主要因素。[6]该病毒在高峰期入侵了从查尔斯顿到波士顿所有的美国大西洋沿岸港口，并沿着密西西比河抵达新奥尔良和孟菲斯，1878年在孟菲斯

121

暴发的一场大规模流行导致大约十分之一的人口死亡。

黄热病和疟疾一起，在美洲热带地区，特别是加勒比地区人口减少的过程中发挥了重要作用。美洲原住民是高度易感人群，尽管人们普遍认为非洲奴隶对黄热病和疟疾都有抵抗力，但仍有许多人死于黄热病。该微生物还造成了欧洲殖民者的伤亡，并不断损害法国和英国在南部的利益。事实上，拿破仑梦想着把圣多明各打造成他所倡议的美洲帝国的首都，直到1801年暴发的黄热病摧毁了他派往圣多明各岛镇压反叛奴隶的军队。随着数千人的死亡，拿破仑继续前进并占领新奥尔良的计划破灭，拿破仑最终彻底放弃了他的美国梦，以1 500万美元的价格将法属路易斯安那的领土卖给了美国。黄热病病毒也挫败了法国在巴拿马地峡修建运河的企图。从1880年启动该工程时起，他们为此奋斗了20年，在黄热病得到控制后，运河最终由美国人于1913年建成。整个工程耗资超过3亿美元，并有2.8万人付出生命的代价。

很长一段时间内没有人能够解释黄热病是如何传播的。人们对此颇多分歧，"接触传染论者"认为这种疾病具有传染性，指出它的流行常常始于运载受感染乘客船只的抵达。为此，他们敦促政府制定更严格的检疫法。但"环保主义者"认为，检疫是无效的，他们更倾向于指责港口的肮脏、不卫生状况。事实上，双方的观点都是部分正确的，尽管双方都不知道罪魁祸首是一种携带病毒的昆虫，这种昆虫可以绕过检疫法，但需要湿热条件才能繁殖。整个传染周期花了很长时间才被解开。早在1847年，有人提出了蚊子传播黄热病的观点。1881年工作于哈瓦那的医生卡洛斯·芬利用蚊子将该疾病从病人传播给志愿者的尝试失败之后，这个观点被放弃了。事实上，他的实验可能是因为时机的关系而失败；这种病毒仅在黄疸出现之前在患者血液中短暂循环，而且必须在蚊子体内培育一周才能传播，所以蚊子的摄食时间对成功传播至关重要。

这种疾病一直肆虐，直到1898年美西战争期间才引起美军的注意，当时在加勒比作战的美军在战斗中仅损失了968人，但却有超过5 000人死于黄热病。[7]美国军队派出由细菌学家沃尔特·里德率领的四名医生组成的小组

前往哈瓦那进行调查。调查小组同意用他们自己作为检验蚊媒理论的第一批 123
实验对象，里德的助手詹姆斯·卡罗尔和细菌学家杰西·拉泽尔是首先参加
实验的志愿者。卡罗尔被以黄热病患者血液为食的蚊子叮咬后感染并最终痊
愈，而拉泽尔则安然无恙。但后来，拉泽尔，唯一一个真正相信蚊子是罪魁
祸首的小组成员，在从一名黄热病患者身上采集血液时被蚊子意外咬伤而感
染。这次他得了重病，并在12天后死亡。

里德没有退缩，继续对人体实验对象进行实验，直到他最终证明蚊子能
够传播黄热病。尽管还不清楚该微生物的性质，但哈瓦那的首席卫生官员威
廉·戈尔加斯开始在该市消灭蚊子，并在短短三年内彻底击败了该病毒。有
了这次的成功，公共卫生医生坚信，单靠蚊虫控制就可以根除黄热病。但直
到在非洲发现了作为病毒贮主的猴子以及发现了几种不同类型的蚊子可以在
丛林环境中传播病毒后，他们终于意识到这种人畜共患病的微生物就藏在这
里。然后预防成为目标，1927年黄热病病毒被分离，随后一种疫苗很快就被
试用。这有助于消灭美国的黄热病感染，但在西非，该疾病仍然是一个重大
的健康问题，全球每年20万例病例和3万例死亡病例中的大多数发生在那里。

在哥伦布史诗般的旅程之后，微生物的主要流动无疑是从东向西的，但
也有一些可能是朝相反的方向流动。在哥伦布返回欧洲的时候，三种新疾病
（梅毒、斑疹伤寒和英国多汗症）在欧洲首次亮相，目前还不清楚这些微生
物是否是从新大陆带回来的。最有可能带回的是梅毒，但斑疹伤寒和英国多 124
汗症也有可能来自美洲。关于神秘的英国多汗症，与之相关的谈论很少；但
不同寻常的是，在夏天的几个月里，它更多袭击农村富裕阶层的男性。出于
这些原因，一些人认为罪魁祸首的微生物是人畜共患病，它可能是从大鼠和
小鼠身上转移而来然后再由人传播到人，从而引发了一场流行。该疾病的死
亡率很高，在英国和欧洲肆虐了大约70年才完全消失。

与英国多汗症不同，斑疹伤寒一直存在，但没有人确切知道该微生物是
从东向西还是由相反方向穿越大西洋的。有人说，这种病毒在哥伦布返航前

后首次出现在西班牙，然后传播到意大利，在与意大利人作战的法国部队中暴发。这暗示了它的美洲起源，并得到了美洲飞鼠作为该微生物贮主这一事实的支持。然而，也有人认为，该微生物自远古时代起就感染了欧亚大陆，并与所有其他微生物一起被运往美洲。但由于斑疹伤寒直到1837年才与伤寒明确区别开来，因此无法证明或证伪这些理论。我们将在下一章讨论19世纪的感染时重新讨论该病，那时斑疹伤寒的特征已经很清楚了。

梅　毒

梅毒于1494年首次戏剧性地出现在欧洲舞台上。法国的查理八世入侵意大利，为了夺取王位而攻占那不勒斯，当时一场瘟疫袭击了他的军队。据说查理本人也是早期的患者之一；如果情况属实，那么他就是君主中第一个染上这种疾病的人。用勃艮第家族历史学家的话来说，他患上了"一种残暴、丑陋和可憎的疾病，这使他痛苦不堪；他的一些士兵回到法国后，都受到了最痛苦的折磨；由于在他们回来之前没有人听说过这种可怕的瘟疫，所以它被称为那不勒斯病"[8]。当然查理没有遭受长期的折磨，三年后他因头部撞在门框上引发中风而死。

这种新的疾病可能有助于结束查理对那不勒斯的占领，随着他的军队在混乱中撤退，士兵们回到他们的家乡，把该微生物散播开来。这场流行病像野火一样传播到整个欧洲，到该世纪末，它从伦敦蔓延到莫斯科，然后入侵非洲和中国。英国人称这种新疾病为"大痘疮"（the great pox），以区别于天花，但在其他国家，人们所使用的名称通常把矛头指向那些被认为引发了这场灾难的人。因此，意大利人称之为"法国病"，法国人冠之以"那不勒斯病"，波兰人讥之为"日耳曼病"，俄罗斯人则把它取名为"波兰病"。在中东，它被命名为"欧洲脓疱"，在印度俗称"法兰克人病"，在中国被称为"广州溃疡"，在日本的称谓是"唐疮"。[9]"梅毒"（syphilis）这个名称是大约30年后由意大利医生和学者吉罗拉莫·弗拉卡斯托罗创造的，他自

图5.1 巴托罗缪·斯泰伯的《梅毒》（1497或1498年）扉页

己也是一个梅毒患者。他写了一首诗《西菲卢斯或高卢病》（Syphilus sive morbus gallicus），讲述一个名叫西菲卢斯的小牧童的故事，其名字被用来指称这种疾病：

> 他身上布满了丑陋可怕的淋巴结炎
> 先是感到奇怪的疼痛，导致夜不能寐
> 这种疾病从他那里获得了名字。[10]

在15世纪90年代末，医生们一致认为他们正在面对一种新的疾病，尽管他们熟悉性传播的生殖器溃疡，但从未见过一种以这种方式传播的全身性疾病。与我们今天所知的梅毒相比，他们所描述的梅毒更加严重、进展更为迅速，后者导致皮肤、口腔、喉咙和生殖器溃疡并伴有高烧，导致头部、骨骼和关节的剧烈疼痛以及各种各样的皮疹，正如大痘疮这个名字所暗示的那样，这些皮疹像天花一样红润（图5.1）。患者病得很重，常常在患病之初死亡，这一结果的原因在今天几乎是未知的。

从以下写于1547年的相当古怪的英语描述中可以看出，性传播方式很明显从一开始就被广泛地注意到了：

127
> 造成这些身体障碍或虚弱的病因有很多，可能是来自某个麻子前一天晚上躺过的床单或床上的脓液，也可能来自麻子身上的脓疮，也可能来自麻子最近使用过的饮剂或私密物件，它还可能来自与麻子一起饮酒时，尤其是当麻子和另一个人在从事罪恶的淫荡行为时。[11]

梅毒是由具有高活动能力的螺旋体细菌梅毒螺旋体引起的，该细菌可以通过性传播，也可以通过胎盘从母亲垂直传播给胎儿。在成人中，这种疾病的一期症状是一种相对无痛的生殖器溃疡或下疳，该微生物从生殖器进入血液并侵入内脏器官。这会产生二期梅毒的症状，包括发烧、腺体肿大、皮疹、口腔溃疡和生殖器溃疡。梅毒也可能导致反复流产和死产。然后开始长达25年的潜伏期，在这段潜伏期内，该微生物虽然隐藏了起来，但继续生长，产生被称为梅毒瘤的内部溃疡，缓慢而无情地破坏周围的组织。与此同时，该微生物可能侵入血管和大脑，引起三期梅毒的一系列问题，包括心脏病发作、中风、失明、耳聋、人格改变和智力丧失。梅毒螺旋体对青霉素敏感，所以现在这种疾病可以在早期阶段被治愈，但在后期阶段的组织破坏是不可逆转的。

没有人反对这样一个事实，即欧洲对梅毒的确认与1493年哥伦布船队从伊斯帕尼奥拉归来的时间相吻合，但人们对这两个事件是否存在关联进行了激烈的辩论。有关哥伦布船队的传统故事讲的是梅毒螺旋体和水手们在里斯本一起下船，这在西班牙医生鲁伊·迪亚兹·德·伊斯拉看来是毫无疑问的，他曾为"平塔号"船长阿隆索·平松（Alonso Pinzon）及其船员治过此病。伊斯拉后来写道：

唐·克里斯托弗·哥伦布海军上将发现了该岛，他在逗留期　　128
间与岛上的居民有过联系和接触。这种疾病具有传染性，且易于传
播，很快就在舰队中出现了。[12]

归国后，哥伦布的一些船员立即加入查理八世的雇佣军参与了1494年对
那不勒斯的进攻，因此在战乱中，他们很可能在军队和随军人员中引发了一
场流行。

直到最近，梅毒螺旋体的美洲起源，现在被称为哥伦布假说，通过在哥
伦布到来之前的美洲土著居民骨骸的骨头和牙齿中发现了梅毒的迹象而得到
了支持，该迹象在1492年之前欧洲居民的骨骸中没有被发现。然而，20世纪
90年代中期，据报道在英国一座修道院的僧侣骨骸中发现了让人联想到梅毒
的迹象，这些骨骸的时间可以追溯至1300至1450年之间，远在哥伦布启程
远航之前。这表明该微生物在哥伦布返航之前就已存在于欧洲，它被称为梅
毒起源的前哥伦布假说。[13]但是，对骨骸进行肉眼检查无法提供有关梅毒
的确切证据，因为它产生的畸形与其他疾病（特别是麻风病和雅司病）没有
区别。

雅司病是由类梅毒螺旋体引起的一组慢性皮肤感染之一，这种螺旋体
在个人卫生条件差的环境中会蓬勃发展。这些微生物会在皮肤和黏膜上引起
深层的梅毒瘤性溃疡，但在疾病的晚期，这些微生物会攻击骨骼和关节。在
世界的不同地区，雅司病样的感染被称为bejel（非性病性梅毒）、pinta（品
他病）、bubas（步巴斯病）和framboesia（印度痘），它主要通过密切接触
在儿童中传播。雅司病被认为是一种古老的人类疾病，但却无法理清它在欧
洲的历史，因为在中世纪，慢性毁容性皮肤病都以"麻风病"的名义混在一　　129
起，受害者被视为社会的弃儿，通常被限制在麻风病患者聚居人群中。但在
黑死病之后，麻风病的发生频率开始减少，尽管其确切原因尚不清楚。随着
高达40％的人口死于鼠疫，生活区变得不那么拥挤，而且有更多的食物、燃
料和衣物可供选择。因此，总的来说，人们的生活水平提高了，而随着小冰

期的到来，人们对额外热量的需求可能更多的是通过衣服和炉火来满足，而不是像从前那样靠挤在一张床上。对于像雅司病螺旋体这样通过皮肤的密切接触传播的微生物来说，它们太脆弱而无法在人体外生存；这对它们可能意味着一场灾难。但有人推测，在这个阶段，它只是将传播方式从儿童之间的直接皮肤接触转变为成人之间更亲密的性接触，因此它就以梅毒的幌子而存在。[14]

这一理论与前哥伦布时期的欧洲没有梅毒性骨病变紧密相关，假设梅毒螺旋体传播方式的变化与1494年的法意战争同时发生，那么它可能是感染军队的这种致命的"新"疾病的罪魁祸首。现在，梅毒螺旋体的整个DNA序列已经揭晓[15]，这些问题已经得到了解决。通过比较世界各地26株密螺旋体的DNA序列，科学家们发现，这种由性传播引起梅毒的病毒株进化得最晚，与南美洲的引起雅司病的病毒株关系最为密切。雅司病是人类最古老的密螺旋体疾病，来自非洲中部和南太平洋的雅司病病毒株与感染非人灵长类动物的雅司病病毒株关系最为密切。基于这些发现，科学家们整理出了有关梅毒螺旋体进化和传播的一系列事件：

130　　1.该微生物起源于旧大陆的灵长类动物（包括我们的类人猿祖先），是一种非性病传染病，与人类一起在整个旧大陆然后在新大陆传播；

2.由于美洲的发现，一种引起雅司病的梅毒螺旋体病毒株被重新带回旧大陆。该病毒株成为所有现代梅毒致病病毒株的祖先，随后在全世界传播。[16]

在第一次大流行中引发严重疾病的梅毒螺旋体很快就失去了毒力，到17世纪，这种疾病已经呈现出它今天的特点。因此，尽管梅毒在当时引起了轩然大波，但它对人类历史的影响微乎其微。那些对它在世界事务中的整体影响感兴趣的人关注的是那些行为怪异的人，他们的行为可能归因于三期梅毒对大脑的影响。可以想到的受害者包括英格兰国王亨利八世，可能是梅毒螺旋体的作用，导致他未能与第一任妻子阿拉贡的凯瑟琳生出一个活的男性后代。他对继承人的渴望促使他六次结婚，这是教皇无法赞同的一项壮举，梅毒螺旋体可能要为他与罗马教会的决裂和英格兰教会的建立负责。另一个可能的受害者是俄罗斯第一代沙皇"恐怖的伊凡",他晚年著名的自大行为被认为是神经梅毒所致。或许,该微生物在改变欧洲的道德态度并导致清教主义兴起方面有着更广泛的影响。[17]

霍 乱

英国东印度公司成立于1600年,旨在开拓丝绸、纯棉、靛蓝、蔗糖和香料等奢侈品的市场。该公司的贸易蒸蒸日上,在1857年印度民族大起义后,英国政府控制了印度,并在接下来的90年里试图将印度各邦吞并为英国王室所有。

在英国统治印度之前,霍乱微生物被限制在其孟加拉湾的天然家园,这里是恒河流入印度洋的地方。自古以来,这里就有霍乱的季节性暴发,通常与印度朝圣和节日的人群聚集有关。但是,当英国开辟了贸易网络和升级了军事行动之后,这些举动给了霍乱微生物走向世界舞台的机会。

引起霍乱的霍乱弧菌是一种逗号状的细菌,它生活在水中,通过抽动鞭状鞭毛游动,一般通过携带霍乱弧菌的粪便污染饮用水而在人与人之间传播。一旦弧菌被吞咽就必定会遇到胃酸,在胃酸环境下,许多弧菌在到达目的地小肠之前就被灭活,因此引发霍乱所需的感染剂量很高。那些存活下来的细菌附着在肠壁上,产生一种由A和B两个亚单位组成的强力毒素。当B亚单位将毒素牢牢地拴在肠壁上时,A亚单位被注入肠壁细胞中,阻止它们从肠道吸收水分,同时释放出含有钠和钾离子的体液。这会导致大量的液体流入肠道,并突然从两端强力排出,引起腹部肌肉剧烈疼痛的痉挛。由此产生的腹泻非常严重,黏液的点状液体排出物(它恰当地被称为"米泔水样便")每小时可超过1升。患者很快就会脱水,如果不采取任何措施来补充液体,就会发展为不可逆性休克,在数小时内造成死亡。如果不进行治疗,严重霍乱的死亡率约为50%。

133　　霍乱弧菌在任何地方都可以引起大规模的流行病，而恶劣的卫生条件使霍乱弧菌能够进入供水中；在19世纪，世界上几乎每个大城市的卫生条件都恶劣不堪。所以，霍乱大流行在当时是一场一触即发的灾难；1817年，孟加拉邦异常强烈的季风降雨造成了大范围的洪水和农作物歉收，促成了当地霍乱的严重暴发。这恰好与英国军队在该地区的行动时间相吻合，疫情如雨后春笋般蔓延。军队和商人把该微生物散布在印度次大陆和西至俄罗斯南部的广大区域，而船只把它带到更远的地方。最终，这场流行病蔓延到中国、日本、东南亚、中东和东非海岸，1824年初才消失。用黑斯廷斯侯爵的话来说，当时他的陆军师在温迪亚邦驻扎：

> 此番行军是令人恐惧的，许多可怜的人受到这种可怕折磨的突然袭击。从那些死在马车里的人的尸体数量上看，他们一定是为了给那些可能被这种交通工具抢救的人腾出空间。据证实，自昨天傍晚以来，已有500多人死亡。[18]

迄今为止已经发生了七次霍乱大流行，霍乱弧菌逐渐地远离其家乡：在第二次霍乱大流行期间（1826—1832年），它抵达欧洲，然后搭乘载有爱尔兰移民的船只跨越大西洋前往加拿大；第二次霍乱大流行尤其是第三次霍乱大流行（1852—1859年）使美国受到更广泛的袭击；南美洲在第五次霍乱大流行期间（1881—1896年）受到严重的影响。在这些大流行期间，该微生物在恒河三角洲站稳了脚跟。第七次霍乱大流行始于1961年，目前仍在继续。尽管穷人一直是霍乱的最严重受害者，但疾病绝不局限于他们，流行可能在
134　任何地方发生。毫不令人奇怪的是，霍乱暴发的威胁引发了惊恐和恐慌，因为一个人在前一天还完全健康，第二天却可怕地死去，在家人和朋友的眼前干瘪成一具尸体，他们只能无助地看着。

19世纪霍乱在欧洲和美国的反复流行促使各国政府成立卫生委员会来监视这些疫情，但直到1854年伦敦大流行期间英国医生约翰·斯诺敏锐的调查

发现为止，饮用水才被确定为霍乱的源头。斯诺是一名职业麻醉师，但他对霍乱有着长期的兴趣，这种兴趣源于1832年他在英格兰东北部的矿业城市纽卡斯尔当医学实习生时目睹的一场霍乱流行。当时大多数人认为这种疾病是由暴露在瘴气中引起的，但斯诺确信霍乱的"毒素"不会经空气传播，他评论说，"有许多事实被认为与这一证据相反：许多人与病人发生性关系而没有受到影响，并且许多患上这种疾病的人与其他患者没有明显的联系"。在检查了死去的受害者的肠道后，他注意到"消化道黏膜的局部病变"。他得出结论：

> 　这种疾病一定是由某种东西引起的，这种东西从一个病人的消化道黏膜传播到另一个病人的消化道黏膜，它只有被吞咽才能引发这种疾病。由于这种疾病在某个社区里因它所依赖的东西而生长，它首先攻击镇上的少数人群，然后变得越来越普遍。很明显，霍乱毒素必须以某种增长方式自我繁殖……这种增长发生在消化道内。这种情况下，必须吞咽霍乱病人足够数量的排出物和排泄物，才能实现疾病的传播。[19]

随后，斯诺开始证明这一在当时有争议的理论，即霍乱是一种水传播疾病。1854年，当一场霍乱流行病袭击伦敦时，他精心绘制了不同病例之间的传播关系图。当时，伦敦的污水大量排入泰晤士河，那些有自来水供应的市民由数家不同的自来水公司提供服务。他们所有人都从泰晤士河取水，但分布在河道的不同位置，有些在污水排放口上方，有些在污水排放口下方。斯诺检查了每位霍乱患者的用水来源，发现使用从城市下游取水的南沃克和沃克斯豪尔供水公司所提供用水的家庭，患霍乱的人数是使用从更远的上游取水的兰贝斯公司服务而患病人数的9倍。随后，他绘制了他所在的伦敦索霍堂区的霍乱病例图，注意到大多数受感染的家庭都是从布劳德街道（Broad Street）的水泵获得饮用水。下面这个举动使他闻名于世：他说服堂区委员

135

会拆除水泵的手柄停用水泵，让用户到别处取水，该水泵供水地区的霍乱病例数量确实大幅下降。结果证明，井水被附近一所房屋的污水污染了，那里的一名儿童最近患上了霍乱。

根据他的观察，斯诺提出了一些预防霍乱的简单措施，例如洗手、饮用开水和对床单进行消毒。但不幸的是，三年后他死于脑溢血，享年45岁，他未能看到自己的理论被完全接受和这些措施得到实施。然而，他的工作鼓舞了细菌理论家。1883年，加尔各答和孟买的霍乱疫情蔓延到埃及，罗伯特·科赫率领一队微生物学家前往亚历山大里亚，以确定致病微生物。他们发现死者的肠子与逗号状的细菌结合在一起，随后他们在加尔各答发现了这种细菌，并于1884年宣布了他们的发现。

136　　　到19世纪80年代末，霍乱疫苗已经被研制出来。尽管它对前往流行地区的旅行者很有用，但它太昂贵且药效太短，对生活在这些地区的人没有多大的帮助。因此，高死亡率一直持续到通过静脉输液对受害者进行简单的补液，后者彻底改变了治疗方法，死亡率直线下降。令人非常惊讶的是，霍乱弧菌可以独立于人类或任何其他动物贮主生存。在两场流行病之间，弧菌在恒河三角洲的河口水域生活得非常愉快，它们在那里是正常水生植物的一部分。霍乱弧菌依附并依靠浮游生物的几丁质表面生存，这些浮游生物包括硅藻、贝类、节肢动物及其蜕皮。在周期性的藻华期间，霍乱弧菌及其宿主浮游生物经历了种群爆炸，这增加了它感染人类的几率，并引发了一场流行病。但事情并非那么简单，由于大多数河口弧菌不能产生引起霍乱症状的毒素，所以它们是无害的。霍乱毒素基因实际上是由以弧菌为目标的噬菌体病毒携带的，因此只有那些被这种病毒感染的弧菌才能转化为产毒的菌株。迄今为止，仅有两种由噬菌体转化的霍乱弧菌产毒菌株，即著名的O1型和O139型（图5.2），引起了大流行。

在孟加拉湾的河口水域中，有许多不同类型的噬菌体病毒，它们在那里与宿主细菌生活在平衡状态中。正如我们所了解的，只有传播霍乱弧菌的病毒会带来毒性，但其他被称为溶菌噬菌体的病毒则会杀死霍乱弧菌，以控

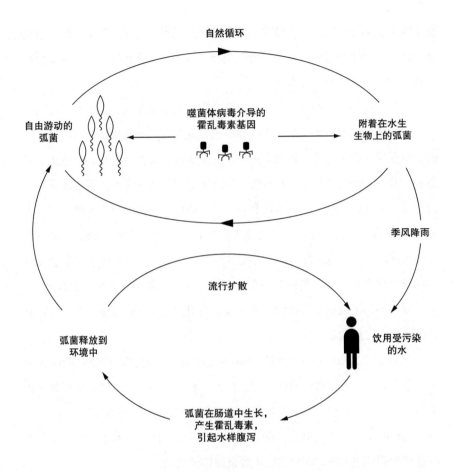

图5.2　霍乱：霍乱弧菌的自然周期与流行周期

制其数量。因此，溶菌噬菌体和霍乱弧菌的数量通常成反比，溶菌噬菌体越多，霍乱弧菌的数量越少，反之亦然。恒河三角洲的霍乱流行通常发生在季风和春雨之后，当地科学家提出，霍乱流行的周期是由感染霍乱弧菌的噬菌体病毒驱动的。[20] 暴雨稀释了噬菌体的浓度，使更多产毒和非产毒的霍乱弧菌得以生存和生长。但是，当这种混合物被人类摄入时，只有产毒的霍乱弧菌才能在肠道中存活和繁殖，因此，通过大量水样腹泻而逃回环境中的大多数是产毒的霍乱弧菌。尽管产毒弧菌的增加助长了流行病的流行，但也刺

137

激了以它们为食的噬菌体的种群爆炸，通过杀死产毒的霍乱弧菌限制了这场流行病。这种平衡循环可能在恒河三角洲实行了许多个世纪，直到人类旅行者将该微生物运送到世界各地。

尽管卫生标准的提高已经清除了发达国家的霍乱弧菌，但该微生物仍然是一个严重的世界卫生问题。霍乱弧菌很容易在卫生条件糟糕的城镇棚户区的大量易感人群中传播。1991年第七次霍乱大流行袭击南美时，它感染了40万人，其中4 000人死亡。1994年，当近100万卢旺达难民为了躲避部落冲突逃到邻近的扎伊尔时，该微生物利用了戈马难民营恶劣的卫生条件，三周内有1.2万人死于霍乱，死亡率高达惊人的48％。[21] 世界上约有15亿人没有干净的饮用水，预计到2025年，这一数字将增至35亿[22]，所以情况可能会变得更糟糕。但幸运的是，新的口服疫苗正在研制中。如果可以负担得起的话，它在发展中国家应该是有效的，通过与公共卫生方案一起实施，可以打破流行地区的霍乱周期。

在本章中，我们已经看到传染病微生物利用国际旅行路线感染世界各地的陌生人群。许多传染病微生物，例如儿童急性感染，已经分布在全球各地，而其他传染病微生物，例如鼠疫、黄热病和霍乱，则藏匿在环境中，等待着它们的下一次袭击机会。在下一章中，我们将探讨环境微生物对我们生活造成的破坏性影响，即使它们不会直接感染我们。

第六章　饥荒与毁灭

从农耕时代开始直到较近的时期，世界上的大部分人口都以素食为主。
大米、玉米、土豆和豆类等主食提供了绝大多数人每天需要的热量，而动物
产品则是主要留给富人的奢侈品。因此，困扰我们祖先的经常性饥荒通常是
由农作物歉收引起的，恶劣的天气条件是常见的罪魁祸首。热带和亚热带地
区是（而且仍然是）最脆弱的地区，因为那里的成功收获在很大程度上取决
于每年的降雨周期。在印度次大陆，严重的干旱和毁灭性的洪水司空见惯，
人们焦急等待的季风降雨在初夏时节从印度洋滚滚而来，这是生长季节的重
要开始。直到最近都是如此，如果季风没有到来，农作物就会歉收，成千上
万甚至数百万人都将挨饿。而饥饿往往是社会动荡的导火索，大量营养不
良、患病和垂死的人们离开家园寻找食物和水。然后，正如我们今天经常在
非洲看到的那样，内战使局势更加恶化。这些难民往往被安置在极度拥挤的
难民营和补给站，那里的卫生条件最多是达标的，但通常是极其糟糕的。这
种情况暗示了在不卫生条件下茁壮成长的微生物将占据中心地位，因此霍
乱、斑疹伤寒和痢疾的暴发几乎是不可避免的。

感染农作物以及在较小程度上感染牲畜的微生物也会造成饥荒。特别是
集约养殖的动物和单一种植的作物是对微生物的公开邀请，它们可以以毁灭
性的效率横扫并杀死大量的动植物。尽管最近一段时间，西方国家的人们认
为农产品广泛的国际贸易保护了他们不受饥荒的影响，但本章关注的是过去
150年来在富裕的不列颠群岛发生的毁灭性饥荒。

伊丽莎白一世统治时期，16世纪出海航行的几位英国冒险家，包括沃尔特·罗利爵士、约翰·霍金斯爵士和弗朗西斯·德雷克爵士，被认为是把马铃薯直接从南美带到英国的人。但事实上，这种块茎作物似乎更有可能是在16世纪90年代的某个时间从欧洲抵达英国的。征服者们一心想掠夺新大陆的黄金、白银和宝石，他们不会看这个卑微的马铃薯第二眼，但是尽管如此，他们还是可能在1570年左右不经意间把它引入了西班牙，用它作为船员从美洲返航途中的食物。

起初，欧洲人把土豆视为"魔鬼的食物"而加以拒绝，但它的受欢迎程度很快就提高了。到19世纪中叶，马铃薯在整个北欧和美国被种植，它提供了一种富含热量的主食，能够极大地改善穷人的健康状况。虽然沃尔特·罗利爵士把土豆带到英国的功劳被否认，但他很可能是第一个将土豆引入爱尔兰的人。据说，他把一些块茎作物给了他在科克郡尤加尔庄园的园丁，园丁种植了这些块茎。由于不知道这些块茎是什么，园丁吃的是（有毒的）浆果，而不是根部的块茎。[1]"马铃薯"一词源自"帕帕"（*papa*）或"帕塔塔"（*patata*），这些名字被几千年来种植该植物的南美洲安第斯地区的印第安人所使用。我们今天种植的马铃薯，即茄属块茎（*Solanum tuberosum*），其起源可追溯至生长在智利沿海地区的野生茄属植物。当欧洲人抵达南美时，它作为一种粮食植物生长在整个安第斯山脉，是秘鲁印加人的食物支柱。但是，直到17和18世纪白人殖民者把马铃薯带到中美洲和北美洲，它才在这些地方为人所知。

爱尔兰局势

马铃薯植物能耐受大多数的气候和土壤条件，这或许是它在爱尔兰西部潮湿多雾的地区特别受欢迎的原因，那里的潮湿夏天、泥炭质且排水不良的土壤常常阻碍粮食作物的成熟。饥荒、饥饿乃至饿死在爱尔兰太普遍了，连片种植的土豆提供了一种有价值的食物，其产量是谷物的两倍还多，所以它很快就取代了谷物成为主食。特别是在蔬菜食物中，土豆加少量牛奶的饮食提供了避免营养不良所需的维生素，因此从前在爱尔兰学童中常见的坏血病成为一种罕见病。[2]爱尔兰人口在整个18世纪快速增长，到19世纪初，土豆在爱尔兰人饮食结构中的比重不断上升，穷人从月初到月末都只吃土豆，除了7月和8月的"谷物月"（当时储存的土豆要么已经被吃光要么正在腐烂，而新的土豆还不能挖掘）以外。每个人平均每天消耗8磅土豆。即使在今天，土豆也不能像谷物那样长期储存，因此以土豆为主食的社群更容易发生饥荒。多年以来，人们开发出了产量和储存能力提高的马铃薯新品种，1770年引入的"爱尔兰苹果"牌土豆至少可以储存一年。但是"爱尔兰苹果"牌土豆1808年被从苏格兰引入的"码头工人"牌土豆取代了。即使在贫瘠的土壤中，"码头工人"牌土豆也是可靠和多产的，但它粗糙且无味，储存能力不如"爱尔兰苹果"牌土豆。英格兰人和苏格兰人嘲笑"码头工人"牌土豆只适合作为动物饲料，但与饥饿做斗争的爱尔兰穷人欢迎它，并很快将其种植在整个爱尔兰西部，以供养不断增长的人口。

到1845年，当枯萎病第一次袭击爱尔兰马铃薯作物时，许多贫苦的劳工和佃农已到危急关头。自封建时代以来，他们的生活条件几乎没有改变；他们没有土地，生活条件恶劣，而在天主教会的鼓励下，他们的家庭规模不断扩大。在1800至1845年间，爱尔兰人口从450万增加到800多万，其中约有65万人是贫困、未受教育、依附性的劳工。[3]他们在乡绅的大庄园里生活和劳作，乡绅通常只来这里举办狩猎和射击派对。这些外居地主通过把土地出租给佃农来为他们的剥削获取资金，而佃农又通过将四分之一英亩的土地转租给没有土地的工人和农民来赚取租金，这种形式被称作"转租地"（conacre），它取自玉米（corn）和英亩（acre）这两个词。这些不幸的人们住在没有窗户或烟囱、闷烧草皮火的茅草小屋里，他们位于土地租赁链的最底层，按比例支付了最多的租金。他们只能靠当地的农场和庄园里打零工以及用土豆养猪来凑齐年租金。每家每户必须在其四分之一英亩的转租地上种植足够的马铃薯，以养活自己和喂养猪，而这平均每天需要消耗32磅的马铃薯。

142

143

1845年访问爱尔兰的托马斯·坎贝尔·福斯特在《泰晤士报》上发表的一篇文章，概述了一个典型劳工家庭的年度预算：[4]

> 收入：工资3.18英镑（每天6便士），销售生猪4英镑；
>
> 年租金：5英镑（茅屋2.1英镑，转租地2.1英镑）；
>
> 余额：2.18英镑（用于购买衣服、蜡烛、食物、饮料、工具等）。

很明显，如果马铃薯作物歉收，这个家庭就会挨饿。

对爱尔兰劳工来说，转租地是他们的生命线，他们不惜任何代价都不会放弃它。种植在转租地上的马铃薯不仅代表资本、工资、租金和生活费，而且还被当作一种社会货币形式，用来确定土地租赁问题和婚姻财产契约。[5]地主抱怨他们的佃农很懒，认为后者抵制一切改善自身的尝试，拒绝使其作物多样化，并得出当饥饿来临时他们只能怪自己的结论。但事实上，穷人陷入了一个螺旋式下降的漩涡中，他们的房租负担太重、土地太少而无法多样化种植。简言之，如果要养活他们嗷嗷待哺的家庭，就不得不种植马铃薯。在其他任何一个国家，对马铃薯的依赖都没有达到如此高的程度；即使是在爱尔兰海峡的对岸，同样贫穷的英格兰和苏格兰劳工除了土豆之外至少吃过燕麦、面包。因此，当1845年马铃薯枯萎病袭击英国时，穷人的处境很凄惨，但对爱尔兰的农民来说，这是一场前所未有的灾难。

马铃薯疫病

马铃薯晚疫病由马铃薯致病疫霉菌引起，该霉菌是危害性最大的植物病原体之一。它可能与马铃薯本身一道起源于南美洲，其主要目标是马铃薯，但它也攻击茄科植物的其他成员，包括番茄。霉菌在凉爽潮湿的气候中繁衍生息，其微小孢子（孢子囊）在气流中漂移，并被风和雨从一株植物传播到另一株植物。当孢子囊落在湿度适宜的叶子上时，它们要么直接发芽，要么释放出游动孢子游动在水的薄膜中。由孢子发芽产生的细小分枝细丝或菌丝穿透叶子和块茎，在细胞之间盘绕以吸收营养并引起腐烂。叶子长出明显的黑点，然后枯萎死亡，但在整株植物枯萎之前，带有新孢子的菌丝会从叶片的毛孔中冒出来，等待被风吹走并感染其他植物。雨水将孢子从叶子上冲刷到地面，在那里它们会感染块茎并使之腐烂。它们能在冬天静候，准备感染来年的作物。

在19世纪初，马铃薯致病疫霉菌开始了它的环球旅行，在旅行中跟随马铃薯于19世纪40年代初从美洲来到欧洲。该霉菌在比利时初次出现，1845年传播到英国，同年9月抵达爱尔兰。爱尔兰人已经习惯了他们的马铃薯植物出现"卷曲"和"结痂"这样的疾病，并且知道它们是短缺、饥饿甚至死亡到来的确切征兆。但马铃薯枯萎病的规模完全不同。它突然出现并把所有作物都吃光了，只留下一片腐烂的烂摊子。《园丁纪事》的编辑、伦敦大学学院著名植物学家约翰·林德利教授于1845年首次描述了这种疾病：[6]

> ……这种疾病包括叶子和根茎的逐渐腐烂，它们变成腐烂的团状物，块茎也会受到类似程度的影响。第一个明显的迹象是在叶子边缘出现逐渐扩散的黑点；然后，坏疽会侵袭杆（根茎），后者在几天内腐烂，散发出一种奇特而令人厌恶的气味。

145

在接下来的三年里，爱尔兰的农民们都会闻到这种气味。

1845年，枯萎病夺去了爱尔兰马铃薯40％的收成，如果它第二年不卷土重来，这一损失或许可以忍受而不会造成许多人的死亡以及90％的作物死亡。1847年，枯萎病消退了，但那时大多数农民已经绝望地吃掉了他们的马铃薯种薯，因此该作物大幅度减产。1848年，枯萎病再次卷土重来，这些作物再次遭受重创。[7]

首先且最重要的是，马铃薯枯萎病给位于社会金字塔底层的农民带来了困扰，但它最终影响了爱尔兰社会的各个阶层。农民只种土豆，所以情况很简单——当该作物歉收时，他们既吃不了土豆也付不起租金。即使他们存活到来年春天，大多数人也没有剩下的块茎可以种植。小农户也种植玉米，或许还养了几头牛，他们的情况稍好一些。如果农民吃了土豆，他们会因为无法支付租金而被赶走，但如果他们支付了租金就会挨饿。

这场悲剧在各行各业引发了连锁反应：由于几乎没有收到庄园的租金，地主们迅速解雇了他们的工人和仆人以节省开支。这个国家受到失业浪潮的打击，几乎没有人买得起食品，更不用说奢侈品了，店主、制造商、批发商和工匠都破产了。在这个人们记忆中最寒冷的冬天，挨饿的家庭挤在自己的小茅草屋里等待死亡。

1846年12月，科克郡的一位法官写信给惠灵顿公爵，讲述了他对一个沿海村庄的访问见闻：[8]

146

在第一个（茅舍）里，有六个饥肠辘辘、面目全非的骨瘦如柴者，看上去似乎都死了，他们蜷缩在角落里的肮脏稻草上，他们唯一的覆盖物是一块破烂的马布，而可怜的双腿则裸露出来。我惊恐地走近，他们的低声呻吟使我发现他们还活着，他们都发烧了——四个孩子，一个女人，还有一个男人。不可能把细节说清楚，只需说我在几分钟内就被至少200个幽灵包围，这些可怕的幽灵是无法用言语形容的。

成千上万的穷苦农民和小农户离开了他们的茅舍，其中不少人是因为拖欠租金而被赶走，他们带着自己的家当步行到最近的城镇，试图在饿死之前到达济贫院。一位目击者伊丽莎白·史密斯在日记中写道：[9]"恳请上帝保佑这些人，道路上到处都是衣衫褴褛且骨瘦如柴的人，这让人不寒而栗，我们怎么能给这么多人提供衣食。"济贫院里设备简陋，无法应付这场空前规模的危机。如果济贫院里人满了，除了在外面等待里面的接受救济者死亡以外，什么也做不了。

有些地主迫不及待地想让农民放弃他们肮脏的房子，然后把它们拆毁，收回土地。但当然也有好心的地主，例如多尼加尔的基尔达尔勋爵取消了其租户1845年的租金，其他好心的地主则帮助他们的租户移民国外。[10]

在这个以友善和好客而闻名的国家，偷盗变得猖獗起来。拥有健康的马铃薯作物的幸运家庭必须保护它，以防盗贼夜间徒手或是用长杆子从谷仓里挖取马铃薯。任何能避免饥饿的东西都变成了食用对象，包括狗、狐狸、老鼠、蜗牛、青蛙、刺猬、乌鸦、海鸥、海藻和帽贝。[11]

许多贫困的劳工家庭在爱尔兰看不到未来，他们选择移民国外而不是等待饥饿或感染致他们于死地。事实上，移民前往美国、加拿大和澳大利亚的现象在1845至1848年的大饥荒之前已经持续了好几年，而在这些年间外迁移民的数字快速上升。1846年，有12万人离开；1847年又增加了近一倍，大多数人定居在美国或加拿大。1847年，有9万人启程前往加拿大，但他们的健康状况很糟糕，2 000人在离开爱尔兰前死亡，另有1.3万人在过境途中死亡。[12]

三年大饥荒的结果是可怕的：450万人面临着饥饿，由于他们日益虚弱，机会性传染病进入到他们消瘦的身体中，导致超过100万爱尔兰农民死亡，另有130万人被迫流亡海外。威廉·王尔德爵士于1850年在爱尔兰西部旅行，他报告说："我们穿越了数英里的乡间而没有遇到人类的面孔，而且也很少见到动物。"但他看见了这种景象，"在最近一个无人居住村庄的冒烟废墟上，已故的悲惨居民挤在一起，在废弃木屋的碎椽间挖洞避难"。[13]

根据1801年的《联合法案》，爱尔兰是联合王国的一部分，因此人们向伦敦和罗伯特·皮尔爵士领导的内阁求救。但是政府不愿意为饥饿的爱尔兰人提供食物。部分原因是，他们起初不了解问题的严重性，爱尔兰以前曾出现过许多次粮食短缺，他们最初认为这只是又一个同等程度的问题。另一个原因是，在充满阶级纷争的维多利亚社会，上层人士更倾向于相信穷人尤其爱尔兰穷人是肮脏、懒惰、不道德和叛逆的，并把他们的问题归到他们自

147

己身上。上层人士认为，爱尔兰穷人的苦难是作为上帝对他们的惩罚而降下的，正如维多利亚女王在宣布为受苦的爱尔兰人祈祷一天的讲话中清楚地表明的，她命令百姓向上帝请求："求你除去那些因我们多方面的罪恶和挑衅而应得的天国审判。"[14]慷慨的慈善被认为会招致懒惰和腐败，所以英国爱尔兰救济计划的负责人查尔斯·特雷维利安建议说，"应当使救济不那么吸引人，以至于没有任何人怀有要求救济的动机，除非没有其他任何谋生手段"[15]。

当马铃薯枯萎病来袭时，皮尔正陷入《谷物法》的两难境地，该法律通过对进口谷物征收重税来保护国内生产者。一方面，它的实施对他所依赖的富裕地主有利，但另一方面，废除该法律将赋予商人阶层以权力，开放从殖民地进口商品的市场，并使英国成为国际贸易的中心。因此，当他的调查委员会报告了爱尔兰问题的严重程度时，这给了皮尔废除该法律所需要的借口。然后，廉价的玉米粉从美国进口，并通过救济中心分发给饥饿的爱尔兰人。但天下没有免费的午餐：人们不得不为填饱肚子而工作，筑路就是分配给他们的任务。所以，在1847年，有73.4万名男性加上他们的家人总共大约300万人，参与到修筑道路中。[16]有人说，今天爱尔兰西部的道路网因此从无到有。

当所有这些人类的苦难在爱尔兰上演时，有许多关于枯萎病原因的建议。当时大多数人都认为，这个问题是由腐烂物质散发出的瘴气引起的，但有人采取了不同的方法，将之归咎于最近发明的蒸汽火车所释放出来的静电。[17]但在《园丁纪事》中，两位植物学巨人展开了一番论战。伦敦大学学院的林德利教授确信恶劣的天气是罪魁祸首。1845年的夏天炎热干燥，持续到7月份，随后是漫长的阴郁季节，包括寒冷、降雨与雾水。根据他的理论，马铃薯在天气晴朗的早期生长迅速，但在潮湿季节吸收了过多的水分。由于连续数周没有阳光照射，植物无法通过蒸腾作用排出水分，从而导致被浸泡并染上了致命的湿腐病。或许这个理论有一定道理，但是牧师迈尔斯·J.伯克利不同意。在他主持的北安普敦郡国王悬崖附近的堂区，他对真菌的研究专长为其在博物学家中赢得了声誉。当他看到枯萎的马铃薯植株的叶子和块茎上生长着细腻的霉菌条纹时，他确信这就是问题的根源。他和一小群业余植物学家，包括比利时的查尔斯·莫伦和法国的卡米尔·蒙塔涅，一起提出了"真菌致病理论"，援引霉菌作为罪魁祸首。这种革命性的想法早于"细菌致病理论"二十多年（见第八章），因此毫不奇怪地遭到了质疑。在《园丁纪事》中，林德利同意霉菌和霉块通常生长在腐烂的叶子和块茎上，但认为它们只是靠腐烂物质生存的腐生植物，而不是腐烂本身的原因。

在许多人仍然相信自然发生说的时代，没有人确切地知道真菌是如何在死亡物质上生长的，一些人认为真菌是患病植物本身的产物。或许这是一种内部疾病的外在征兆，就像麻疹或天花的皮疹，或者是一种患病植物试图产生一种新的健康小植物。但是植物学家们坚持己见，1846年伯克利在《伦敦园艺学会杂志》上发表了一篇题为《关于马铃薯晚疫病的植物学和生理学观察》的论文[18]，他认为这种真菌不是腐生植物，而是寄生虫，因为它的菌丝实际上侵入了马铃薯叶片的内部。蒙塔涅是拿破仑军队的一位退休外科医生，他最初将这种霉菌命名为葡萄孢属病菌，并提供了它在受感染的叶子内生长的图片（图6.1）。伯克利提醒他的读者，小麦的两种病害"黑穗病"和"锈病"虽然没有枯萎病那么严重，但在起源上被普遍认为是真菌。但最终他无法确凿地证明这种霉菌确实导致了健康植物发生枯萎病，所以直到1861年德国科学家安东·德·巴里最终解开霉菌的生命周期从而证明了"真菌致病理论"的正确性之前，他的观点仍旧停留在理论层面。1876年，巴里将这种霉菌重新命名为马铃薯致病疫霉菌（*P. infestans*），现在它被重新归类为不等鞭毛类（heterokont）而不是真菌，它更类似于藻类和水霉菌而不是蘑菇和伞菌。

这些学术上的争论对挨饿的爱尔兰人没有任何实际用处，但对于如何预防或治疗枯萎病却不乏建议。拯救未枯萎马铃薯的补救措施包括：干燥，用石灰掩埋，用盐覆盖，在氯、硫酸、二氧化锰或铜溶液中浸泡。[19]尽管其

150

151

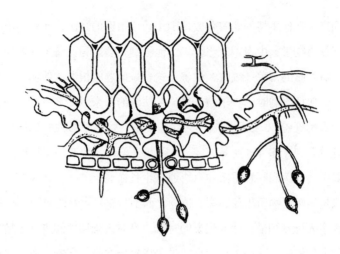

图6.1 马铃薯枯萎真菌生长并产生孢子的叶片局部（伯克利，1846年）

中一些化学物质的杀伤力比饥饿还要厉害，但一个有用的建议是，一旦枯萎病出现，就立即切断植物的根茎，以期挽救下面的块茎。有趣的是，《坎布里报》报道了一个偶然的观察结果：在斯旺西一个铜冶炼厂附近生长的马铃薯植物在周围所有的植物都死于枯萎病的时候仍然健康。[20]遗憾的是，由于这种情况没有得到进一步的调查，用于治疗枯萎病和其他相关霉菌的第一种杀菌剂是铜盐作为其主要成分的波尔多混合剂。

一开始，许多农民拒绝食用遭受枯萎病袭击的马铃薯未受影响的部分，因为他们认为食用这种马铃薯会引起霍乱等疾病。为了证明这是毫无根据的，来自法国尚贝里的闯劲十足但也许是非常鲁莽的邦让先生，花了三天时间每天吃8磅遭受枯萎病袭击的马铃薯，并喝这种马铃薯煮过的臭水。[21]幸运的是，他活下来并讲述了这个故事。

斑疹伤寒

饥饿的爱尔兰人不可避免地成为各种机会性微生物的牺牲品，无数的人在饿死之前死于感染。穷人成群结队地涌向济贫院，希望能找到食物和住所，但这些机构人满为患，其中大多数机构缺乏安全的饮用水和污水处理设施，在那里被杀死的人可能与它们挽救的人数量差不多。在这种情况下，通过粪便—口腔途径传播的微生物大量繁殖，痢疾、伤寒和霍乱等疾病的盛行也就不足为奇了。但最常见的死亡原因可能是斑疹伤寒，至少对济贫院里的被收容者来说是这样，它是由一种能充分利用贫穷和过度拥挤的微生物引起的。事实上，斑疹伤寒的各种名称例如"军营热""监狱热""轮船热"和"饥荒热"，均生动地描绘了它的出没地和习性。

"斑疹伤寒"这个名字来源于希腊语 *typhos*，意思是"迷糊"或"烟雾"，它描述了患者在该微生物侵入其大脑引起致命性脑炎时所经历的精神恍惚状态。斑疹伤寒微生物是立克次体病菌，是一种缺乏独立生存的基本要素的细菌，寄生于其他有机体上。引起斑疹伤寒的普氏立克次体是以20世纪初期两位科学家的名字命名的，这两位科学家在试图确定斑疹伤寒的病因时都意外地染上了致命剂量的斑疹伤寒细菌。霍华德·泰勒·立克次是美国微生物学家，1910年在墨西哥工作时发现了第一种立克次体病菌，但他在证明是它引起斑疹伤寒之前就去世了。1914年，波希米亚细菌学家斯坦尼斯劳斯·冯·普罗瓦泽克证实了立克次体病菌的发现，但他也在完成这项工作前去世了。巴西细菌学家亨利克·达·罗查·利马在1916年最终将立克次体与斑疹伤寒联系起来。

尽管今天的普氏立克次体完全是一种人类寄生虫，但它的DNA序列表明它是从其近亲鼠型斑疹伤寒立克次体进化而来的。鼠型斑疹伤寒立克次体是一种老鼠的古老寄生虫，它由鼠蚤在老鼠中间无害地传播。[22]它对人类的入侵可能始于老鼠最初在人类家中定居的农耕时代。在这个阶段，鼠蚤肯定会偶尔叮咬人类，有时会同时传播鼠型斑疹伤寒立克次体。随着生活条件越来越拥挤和肮脏，这些接触不断增加，直到鼠型斑疹伤寒立克次体最终进化成人类寄生虫普氏立克次体，通过人体体虱感染并在人与人之间传播。

大约在立克次和普罗瓦泽克确认立克次体病菌的同时，在突尼斯的巴斯德研究所工作的查尔斯·尼科尔也注意到，处理入院斑疹伤寒患者衣服的工作人员经常会感染，但一旦患者进入病房，感染的风险似乎就消失了。据此，他推测该微生物是通过附着在衣服上可以被带走的东西传播的。他正确地指向了身体上的虱子，这种机敏的探究工作使他赢得了1928年的诺贝尔奖。这些微小的蟹状生物在不卫生的环境中茁壮成长，靠吸食穷人和无家可归者的鲜血为生。

我们可能从多毛的灵长类祖先那里继承了虱子（虱毛目），但随着毛发的逐渐消退，他们身上的虱子进化成了三种不同的类型。一些虱子长出爪子抓住纤细的发丝并进化成头虱，而阴虱则变得善于抓住较粗的阴毛。相比之下，不依靠人体毛发的体虱更喜欢生活在衣服和床上用品的褶皱和接缝之间。这些吸血寄生虫经常从巢穴中出来爬到它们的受害者身上取食，有时它们会在享受血液大餐的同时吞食普氏立克次体。然后，该微生物在虱子的肠道内繁殖，最终导致其内膜破裂，并把血迹溢到组织中。在这个阶段虱子会变成红色，在患者身上发现的红色虱子是他们患有斑疹伤寒的迹象。普氏立克次体病毒可以在8至12天内杀死虱子，但在适当的条件下，虱子仍然有足够的时间传播这些微生物。

与蚊子或跳蚤传播媒介不同，虱子在取食时不会将其致命的东西注入受害者体内，而是在他们的皮肤上留下带有微生物的粪便。由于咬伤会引起剧烈的瘙痒，人们总是会抓挠，因此造成皮肤的损伤，这足以使普氏立克次体病毒进入体内。然后，该微生物定植在组织中，特别是在血管内膜中，14天后会诱发高烧，引起严重的头部、肌肉和关节疼痛。受损的小血管可能会被堵塞，引起手指和脚趾的坏疽，出血进入皮肤会产生特征性的黑疹。在多达80％的病例中，该微生物侵入大脑，导致神志失常、癫痫发作和不省人事，并通常发展为昏迷和死亡。如果不使用抗生素治疗，普氏立克次体病毒可以杀死60％的受害者。

普氏立克次体被虱子从一个宿主转移到另一个宿主似乎不是非常有效的方法，但它确实在许多世纪里引发了巨大的流行病。那些在斑疹伤寒发作后幸存下来的人通常会携带该微生物很多年，患上一种轻症复发性斑疹伤寒（被称为布－秦二氏病，以描述它的两位医生的名字命名），而且还起到了微生物贮主的作用。斑疹伤寒携带者可以在被感染的虱子传播该微生物的任何地方和任何时候引发流行病。而虱子不喜热的事实也为疾病传播提供了便利，当受害者发烧时，携带这种致命微生物的虱子便会寻找新的宿主。因此，不足为奇的是，在爱尔兰马铃薯饥荒期间，当穷困潦倒、无法洗漱的人们挤在一起取暖、合用衣服和被褥时，普氏立克次体病毒大显身手。

在我们的历史上，普氏立克次体占据上风的情况发生过许多次。事实上，在第二次世界大战之前的几乎所有军事行动中，该微生物和其他微生物造成的死亡远远超过战争本身造成的死亡，这种情况直到20世纪中叶通过杀虫剂和抗生素的组合使用才得以扭转。在整个拿破仑战争期间，斑疹伤寒反复困扰着法国军队，经常造成军队的伤亡。[23] 1812年夏天，拿破仑·波拿巴远征俄国时，他的军队兵力超过50万人，但他的军队很快就超出了补给线，大量的士兵几乎没有水喝，也无法洗漱。他们抵达波兰时遭到了斑疹伤寒的袭击，死于疾病和饥饿的人数激增，许多人被遗弃。当拿破仑进入俄国时，他只剩下13万军队，而当他们抵达莫斯科时，只剩下9万人看到了这座被遗弃城市的废墟。大军在酷寒的冬天里撤退是一个难以想象的艰辛故事，当剩下的人仓皇撤退时，普氏立克次体以及痢疾、肺炎、饥饿和冻伤继续使之付出惨重代价；最后只有3.5万人活着回到了家。不屈不挠的拿破仑在1813年又召集了50万人的军队与德国人作战，但军队中的斑疹伤寒再次成为他在国际战争中失败的关键因素。许多历史学家认为，正是普氏立克次体使拿破仑一世统治欧洲的梦想破灭。

随着整个国家和个人卫生条件的改善，普氏立克次体越来越难以立足，到19世纪80年代中期，斑疹伤寒在西方已经很罕见。但该微生物在东方仍有立足之地。在第一次世界大战期间，它在东线战场杀死了数千人，在随后的几年里，俄国的一场流行病导致大约300万人死亡，这促使列宁发出"不是社会主义打败虱子，就是虱子打败社会主义"的号召。[24]

155

在被饥饿威胁驱赶的130万爱尔兰人中，大部分从利物浦前往纽约，正如人们能想象的那样，那里并非总是欢迎大批饥饿的爱尔兰人。美国人真正担心的是移民可能引发流行病，有一段时间，爱尔兰人成了袭击这座城市的所有疫情的替罪羊。但事实上，爱尔兰人在爱尔兰本土、船上然后在新家里被迫忍受的环境才是罪魁祸首，因为它们促进了病原微生物的蓬勃发展。在卫生改革方面，纽约落后于大多数欧洲大城市[25]，因此，经常有穷困潦倒、营养不良和身无分文的爱尔兰人来到纽约，取代他们原来通风不良、拥挤不堪的爱尔兰茅屋的只是遍布狭窄阁楼和地下室的纽约公寓。由于没有自来水和污水处理设施，爱尔兰移民遭到斑疹伤寒、伤寒、霍乱、痢疾、结核病等微生物的攻击也就不足为奇了，这些微生物在上述骇人听闻的生活环境中找到了生态位。

伤　寒

伤寒，又称肠热病，是由伤寒沙门氏菌引起的食物中毒的一种形式。伤寒流行通常来自在污水中生长的贝类食物，但该微生物也可以通过未洗的手传播。伤寒杆菌会引起许多轻微的甚至是无症状的感染，但在那些患上典型伤寒的人身上，该微生物会穿透肠壁，在血液中繁殖并侵入器官。身体不适的最初迹象出现在两周后，发烧导致体温逐步升高，随后出现特征性的玫瑰色斑疹。然后，该微生物又回到肠道，在那里它侵蚀肠壁，形成深度溃疡，有时穿透肠壁，引起致命的出血或腹膜炎。如果不进行治疗，病例死亡率在10%～20%左右。

在患者恢复后，伤寒杆菌通常藏在胆囊中，从那里可以进入肠道，并以粪便形式排出，因此表面健康的携带者可以传播该微生物。美国最早被发现的无症状伤寒携带者是玛丽·马伦，现在以"伤寒玛丽"闻名。1869年她出生于爱尔兰的库克斯顿，15岁时移居纽约。一到纽约，她就开始做家政服务，同时培养了烹饪的才能。多年来，她受雇于数个纽约的富人家庭。1906

年夏天，她给纽约一位银行家查尔斯·亨利·沃伦的家庭当厨师，沃伦在长岛牡蛎湾租了一栋避暑别墅。当11个居民中的6个被伤寒击倒时，房子的主人雇用了卫生工程专家乔治·索珀进行调查。在排除了牛奶、水、蛤蜊和其他食物的常见病因后，他把矛头指向新厨师。通过追踪她最近的行动，他发现了22例伤寒病例，在她以前工作过的7个家庭中有1人死亡；在她来到后的几周内，所有家庭都经历了伤寒暴发。根据这一证据，玛丽被逮捕了，虽然她坚持认为自己从未患过伤寒，但她显然是一个慢性携带者，因为她的粪便携带有伤寒杆菌。这名可怜的妇女被拘留在东河的北兄弟岛，住在河畔医院的一间小屋里。她不知疲倦地为自己的获释而奔走，1910年，卫生委员会同意让她离开，条件是她不再从事厨师工作。但是她食言了，1915年她被发现化名布朗夫人受雇于曼哈顿斯隆妇产医院当厨师，伤寒在那里暴发并感染了25人，造成2人死亡。在那之后，玛丽被囚禁在北兄弟岛的医院实验室里，度过了她生命中剩下的23年。

结　核

考虑到爱尔兰穷人在移民美国之前和之后的生活条件，在纽约这样的城市，他们不成比例地患上结核病就不足为奇了——贫穷的黑人和犹太人也是如此。这种疾病被确认已经有几千年的历史，从旧大陆和新大陆的人类遗骸中都发现了它造成破坏的证据，包括埃及木乃伊以及早期印度、希腊、罗马和前哥伦布时期美洲考古遗址中的骨骸。[26] 最近，科学家们认为，引起人类结核病的细菌结核分枝杆菌由牛结核分枝杆菌进化而来。他们估计，该微生物大约在1.5万至2万年前从牛身上转移到人类身上，但最近的分子证据驳斥了这一说法。尽管我们仍然不知道不同分枝杆菌从其共同祖先进化而来的确切日期，但对人类结核病毒株的分子钟分析表明，它们早在牛结核分枝杆菌进化之前就已在非洲出现，因此不可能从牛结核分枝杆菌中产生。[27]

如果此判断正确的话，这种进化场景就将结核分枝杆菌列为非常古老的

158

人类病原体之一。毫无疑问，该微生物在拥挤、不卫生、通风不良的环境中传播得最快，并随着城镇的扩张而日益突出。它于19世纪初在美国和欧洲达到顶峰，当时伦敦、巴黎和纽约等大城市的几乎所有人都被感染，成为导致死亡的最常见原因之一。

结核分枝杆菌通过患者咳嗽、打喷嚏或以其他方式呼出的受感染痰液的飞沫在空气中传播。一般来说，传播仅限于家庭成员间的接触，通常是年幼的孩子从年老的亲戚那里获取该微生物。结核分枝杆菌需要高浓度的氧气才能生存，一旦被吸入身体，它们就会前往肺尖，在那里建立终身的感染灶。结核分枝杆菌装备精良，能够抵御身体的免疫攻击，并定植在被派往肺部以摧毁它们的巨噬细胞内。在健康的人中，感染是由免疫系统控制的，但如果身体的免疫力因疾病、年老或营养不良而降低，感染很可能会被重新激活。

结核分枝杆菌几乎可以侵袭身体的任何部位：脊椎结核被称为卜德氏病，会引起疼痛的畸形和最终的瘫痪；而淋巴腺肿大被称为"淋巴结核"，可能会造成皮肤破裂而产生持续的脓液。但活动性肺结核的症状通常由该细菌缓慢无情地破坏肺部引起。这种可怕的疾病之所以被称为"肺痨"，是因为它造成极度的消瘦，它杀死了19世纪的许多名人，包括艾米莉·勃朗特和安妮·勃朗特、诗人约翰·济慈和剧作家安东·契诃夫等文学巨擘，并在威尔第的《茶花女》和普契尼的《波西米亚人》中被浪漫化。事实上，在19世纪，肺痨患者苍白而憔悴的外表被认为是如此迷人，以至于诗人拜伦勋爵曾说，"我愿意死于肺痨，因为女士们都会说，'看看可怜的拜伦，他死的样子真迷人'"[28]。

但事实上，这种疾病远非看起来那么浪漫。当细菌吞噬肺部导致患者呼吸困难时，他们消瘦的身体被一阵阵的发烧、汗水淋漓和咳嗽痉挛折磨得筋疲力尽，毫无疑问，这是一种不值得羡慕的缓慢而痛苦的死亡。即使20世纪出现了有效的结核病治疗方法，但该微生物对大城市穷人的束缚作用仍然存在。正如我们将在第八章中看到的，和19世纪一样，今天它仍是一个世界性的问题。

通过执行其计划（在马铃薯植株中感染和繁殖），马铃薯枯萎病霉菌导致了近代最严重的饥荒之一。这种霉菌通过消灭爱尔兰的主要粮食作物，引发了一连串的事件，使饥饿的爱尔兰人像猎物一样陷入了数十种机会性微生物的捕食之中，这些微生物都在他们瘦弱的身体上繁衍生息。它造成100万人死亡、130万人移居国外，使人口大幅度减少，从此爱尔兰变了样。幸运的是，自此以后马铃薯再未在爱尔兰人的饮食中重新占据主要地位，尽管马铃薯枯萎病霉菌仍然存在，但它被剥夺了以巨大规模蓬勃发展的机会。

枯萎病的后果对爱尔兰、英国和爱尔兰人新家园所在的国家影响深远。在英国，废除《谷物法》是自由贸易的开始，增强了该国世界商业中心的地位；而在美国，信仰天主教的爱尔兰人的涌入预告了一个宗教和种族冲突时代的来临。150年后的今天，这些爱尔兰移民的后代大约有3 400万，并在各行各业都发挥着影响力，其中最著名的是两位美国总统——约翰·F. 肯尼迪和罗纳德·里根。

第七章　对致命伴侣的揭秘

在除了过去150年的漫长时期里，我们的祖先对传染病的病因一点都不了解，事实上也没有有效的治疗方法，但他们在传染病的凶残攻击下幸存下来。尽管千百年来出现了许多理论来解释这些致病现象，但它们常常是误导人的，所援引的治疗方法通常弊大于利。直到18世纪，医生们使用的大多数草药疗法虽然有时能减轻痛苦，但实际上它们不含任何有效成分；在疫情流行期间，医生所能提供的最佳建议是逃跑或祈祷（或两者兼而有之）。

我们目前对微生物及其引发疾病的认识，大多是通过观察病情、记录病例以及尝试治疗措施缓慢而艰难地积累起来的。这一艰难的过程中夹杂着一些"尤里卡时刻"，即一个重大发现突然改变了我们的思维方式，从而开辟了全新的探索途径。现在我们已经了解了从微生物发展为流行病的许多步骤，并开始利用这些知识来帮助我们与微生物做斗争。但我们的祖先并不知道他们的隐形敌人，所以毫不奇怪地把流行病归咎于无法控制的超自然力量。在历史上的伟大文明中，宗教崇拜发展起来以解释这些莫名其妙的现象，通常是援引震怒的神灵降下流行病以作为对罪恶行为的惩罚。例如，在埃及神话中，被描绘成狮头人身的塞克米特女神在发怒时引发瘟疫，所以必须用祭品和献祭来安抚她。后来，在黑死病期间，"鞭笞者运动"在德意志出现，并最终蔓延到欧洲大部分地区。这个奇怪的宗教派别旨在通过他们所受的痛苦来安抚上帝，恳求上帝宽恕和消除可怕的瘟疫。披麻蒙灰、极度悲悔的兄弟会，从一个城镇走到另一个城镇，在当地的教堂举行仪式。在仪式中，他们陷入大规模歇斯底里状态，鞭打着赤裸的身体，直到鲜血从伤口流出，有些人甚至因伤而死。

在本章中，我们将追踪人类在了解传染病的病因以及如何预防和治疗方面的进展。我们特别回顾了人类抗击天花病毒的历史，天花病毒起初是一个连环杀手，但它现在已被从野外彻底根除。

生活在公元前4世纪的古希腊医生、科斯岛的希波克拉底率先摒弃迷信和宗教信仰，将疾病归咎于四种体液的失衡：血液（sanguine）、黄胆汁（choleric）、黑胆汁（melancholic）和黏液（phlegmatic）。直到17世纪末，这种"体液致病理论"一直在欧洲颇具影响力，但希波克拉底对医学的最大贡献是他对特定疾病的详细描述，从而使他赢得了"现代医学之父"的称号。在他之前，健康不佳只是健康不佳，但希波克拉底通过仔细记录数千名患者的症状，将一种疾病与另一种疾病区分开来，并把它们归类为流行病或地方病。这是向前迈出的一大步。但不幸的是，他的先例没有为后继者所效仿，尽管公元166年安东尼瘟疫期间（见第三章）罗马皇帝马可·奥勒留·安东尼乌斯的医生、卓著影响的帕加马的盖伦坚持希波克拉底的原则，但他认为流行病是由大气不平衡造成的，这种不平衡是造成"流行病的机制"。由于这一理论无法被证明或证伪，所以它在许多个世纪中一直占据着主导地位；但最后，随着16、17世纪新的成功的药物治疗方法的引入，人们才开始质疑它的合理性。

一种新的药物治疗方法被用于治疗当时在欧洲盛行的疟疾。根据盖伦的传统理论，疟疾应通过放血和净化等释放体液的方式进行治疗。但在17世纪30年代，有一种来自南美洲的说法，称生长在安第斯山脉森林中的金鸡纳树皮（或称发热树）可以治愈疟疾。据奥古斯丁修士安东尼奥·德·加兰查在当时所写："在洛沙地区生长着一种树，他们称之为'发热树'（*arbol de calenturas*），它的树皮是肉桂色的，用它制成相当于两枚小银币重量的粉末，作为饮料饮用可以治愈发烧和疟疾；它在利马产生了奇迹般的效果。"[1]

现在我们知道这种树皮中含有奎宁和其他几种抗疟疾的活性物质。

在中世纪，人们普遍相信"瘴气致病理论"，该理论将流行病归因于来自沼泽和腐烂有机物的恶臭气味和有毒气体，从而扩展了希波克拉底和盖伦的原则。这一理论在西方一直被坚持到19世纪，虽然具有误导性，但在微生物被认为是问题的根源之前，它仍有助于推动急需开展的城镇清洁工作。 164
1832年，英国第一次霍乱大流行的威胁正式开启了这一进程，在热心的改革者埃德温·查德威克的领导下，新的高效的自来水和污水处理系统被安装起来，以清除城市中恶臭的污物。这些改善措施很快扩散到欧洲和美国的城市，随着住房和医疗服务设施的同步改善，西方国家的城市最终变成更加健康的居住场所。

著名的意大利医生吉罗拉莫·弗拉卡斯托罗（1478—1553年）是维罗纳的一位绅士，他在一首关于梅毒的诗中用一个牧童的名字命名梅毒（见第五章）。1546年他发表了一篇论文，提出天花和麻疹这样的流行病是由精液（种子）引起的，它们将传染病从一个人传播到另一个人。他设想这些种子通过三种可能的途径传播：直接接触、污染无生命物体（例如衣服和毯子）或经空气传播。在弗拉卡斯托罗看来，这些种子不太像活细菌，但它们与病毒一样不可思议。因此，他率先提出了"细菌致病理论"，对"瘴气致病理论"提出了挑战，并为此后持续300年的学术争论提供了话题。但对它的证明需要对微观世界进行可视化观察，而这必须要等到荷兰人安东尼·范·列文虎克在17世纪制造出第一台显微镜，从而足以揭秘微生物之后。范·列文虎克对放大镜的兴趣来自他在纺织行业的工作，他用放大镜来计算布料的线密度。他对自然世界也有着浓厚的兴趣，开创了一种磨削高度数镜片的新方法以制作显微镜，通过显微镜他可以观察到从蜂螫到精子的任何东西。1676 165
年，当他盯视一个在水里泡了三周的胡椒（他想知道这种辛辣的味道是不是由其尖刺引起的）时，在镜头下他惊奇地看到细小的"显微动物"在水中移动。他这样描述它们："在我看来，它们小得令人难以置信，甚至小得让我断定，即使100只这样的极小动物彼此相连地摊开，它们也无法达到一粒粗沙的长度。"[2]一旦开始寻找，他就惊奇地发现这些"显微动物"无处不在：

> 这些动物在人的牙冠上的数量是如此之多，我相信它们的数量超过了一个王国中的人口数量。在检查一小块不比马尾毛厚的区域时，我发现其中有太多活的动物，我猜想可能有1 000只大小不超过沙子的1/100的动物。[3]

范·列文虎克认为这些"显微动物"是传染病的病因，这一理论在200多年后分离出第一种病原细菌时才被证明是正确的。与此同时，人们仍然坚信生物的自然发生说，直到法国著名微生物学家和化学家路易斯·巴斯德最终证明使用过滤器清除粉尘颗粒可以阻止霉菌在煮沸的肉汤中生长时，这种自然发生说才被破除。这使大多数欧洲人相信，霉菌不是自然生长的，而是需要被空气中的"细菌"播种而生长，于是细菌致病理论开始确立起地位。

后来，英国外科医生约瑟夫·李斯特听说了巴斯德的实验后，把细菌两两放置在一起。他意识到经空气传播的细菌一定是伤口感染的原因，而伤口感染造成近一半接受手术的病人死亡。李斯特开创了严格的外科杀菌技术。1871年，他发明了一种碳酸喷雾剂，旨在杀死手术室里的细菌。利用这一技术，他攻克了他位于格拉斯哥和爱丁堡的外科病房的伤口脓毒症难题。而且由于他的方法，德国医生得以挽救数百名在普法战争中受伤士兵的生命。尽管取得了这些成功，但英国和美国的大多数外科医生仍然反对这些新观念。到了19世纪80年代，在罗伯特·科赫证明使用蒸汽消毒手术器械可以减少伤口脓毒症，以及李斯特在完全无菌的情况下成功地进行了复杂的手术后，怀疑者才逐渐被说服，手术从此变得更加安全。

细菌学的黄金时代始于1877年，当时科赫从炭疽中分离出了炭疽杆菌，后者被证明是人畜共患病的病因。随后有一系列的微生物被发现，到19世纪末，引起白喉、伤寒、麻风、肺炎、淋病、鼠疫、破伤风和梅毒的细菌都已被确认。科赫本人于1882年分离出结核杆菌，又于1883年分离出霍乱弧菌。他为微生物与疾病之间的联系建立起严格的科学标准，现在被称为科赫法则。为了证明与疾病之间存在因果关系，微生物必须是：

> 在每一病例中都出现相同的微生物；
>
> 能从宿主中分离出该微生物，并可在纯培养中生长和保持；
>
> 将该微生物的纯培养物接种到易感动物体内，同样的疾病会重复发生；
>
> 从试验发病的宿主中能再度分离培养出该微生物。

那些反对细菌致病理论的人对此进行了一段时间的斗争，但很快就遭到大量实验证据的反驳，细菌致病理论在20世纪初被普遍接受。1905年，科赫因其在结核病方面的贡献而获得了诺贝尔奖。

但仍有许多常见的传染病，例如天花、麻疹、腮腺炎、风疹和流感，由于没有发现任何致病微生物，其病因仍然是个谜。由于这些传染性微生物能够通过保留细菌的过滤器，所以被称为"过滤因子"，当时大多数人认为它们只是很小的细菌。随着1932年电子显微镜的发明，这些传染病的感染被证明是由一种非常不同的微生物——病毒引起的。

人类抗击天花病毒的历史是一次传染病从古老的信仰和迷信到全球根除而取得胜利的独特旅程。在我们最古老文明的城镇中，天花是一种不容忽视的疾病；它经常像巨浪一样横扫而来，杀死多达三分之一的感染者，并使许多幸存者留下疤痕、引起失明或导致残疾。在许多文明中，这个令人畏惧的杀手都有自己的神灵，像中国女神痘疹娘娘和印度民间女神什塔拉，人们向其祈祷并供奉祭品，以期得到宽恕或治愈。公元450年，后来被封为圣尼卡斯的莱姆斯主教，天花受害者的守护圣徒，在被入侵的匈奴人带到法兰克的天花流行病中幸存下来，但一年后在他自己主持的教堂台阶上被这些来自东方的侵入者斩首。今天我们仍然可以看到他的石刻像竖立在该教堂北门的上方，双手托着他戴着主教冠的头部。

天花最早由波斯医生拉齐（约865—925/932年）在其《论天花和麻疹》中将之与麻疹区别开来，拉齐是巴格达医院的院长。然而，拉齐的鹊起声名主要源于他提倡的天花"热疗法"。直到17世纪，这种疗法仍被许多善意的医生忠实地遵循，但这极大地伤害了他们不幸的病人。拉齐及其追随者们认为天花是血液发酵的产物，由此产生的脓液是通过皮肤上的毛孔逸出的。为了协助排出脓液，"热疗法"将患者限制在一个有着熊熊烈火和密封窗户的房间里，通过出汗来驱除令人讨厌的脓液。从12世纪开始，整个欧洲都增加了"红色疗法"，该疗法要求天花患者穿着红色衣服、裹着红色毯子，把他们限制在挂着红色窗帘的房间内，只允许穿红色衣服的人进入。这种做法被认为可以减少痘疤，因而被所有王室天花患者笃信地使用（见第四章）。14世纪，穿着红色衬衫和长袜、戴着红色面纱的法国国王查理五世幸存了下来；但在近400年后，裹在20码红布里的哈布斯堡皇帝约瑟夫一世就没有那么幸运了，他的死使奥地利失去了获得西班牙王位的机会。这种奇怪的"红色疗法"可能起源于日本，根据当地的民间传说，红色是驱魔和祛病的颜色。尽管在20世纪初受到质疑，但直到20世纪30年代它才被完全抛弃。随着水蛭的进一步应用，一种"排出"发烧的疗法被广泛使用，毫不令人奇怪的是，能够负担得起天花治疗的人比负担不起天花治疗的人更经常地死亡。

但这一切在17世纪中叶发生了变化，当时英国医生托马斯·西德纳姆爵士注意到富人中间的天花死亡率在不断上升，他将这种现象与他们所接受的治疗联系起来。他转而提倡对较轻的病例不予治疗，宣称他们将在无人帮助的情况下康复，并对更致命的融合性天花采用"降温疗法"，即打开窗户驱除有害的脓液，从而提高了患者的生存率。

天花接种

在天花接种技术被引入西方之前，中国和印度已经进行了数百年的天花接种。由于使用的方法各不相同，可以肯定的是，这种做法在这些国家都是独立产生的。[4]种痘术（也称引痘或嫁接）最早在1500年的中国医书中被提及，但很可能在1000年左右就在当地实行了。相传，这项技术是由一位隐居的尼姑引入的，她住在神圣的峨眉山顶上的小茅屋里。她自称是观音菩萨下凡，通过植入天花以保护孩子们的生命，她用干"痂"做成粉末，通过一根银管把它吹到孩子的鼻腔内（女孩被吹入左鼻孔，男孩被吹入右鼻孔）。六天后，接受种痘的孩子发烧并长出了痘疹，但最后大多数人都痊愈了，然后终身对天花具有免疫力。随着这一做法在该地区的传播，这个尼姑吸引了不少追随者，在她死后，当地人把她尊奉为天花女神来崇拜。

印度的技术是用针头蘸取天花脓疱的脓液，在上臂或前额的几个部位刺穿皮肤，然后用煮熟米饭做成的糊状物覆盖到小伤口上。随着印度对外贸易路线的开辟，这种做法传到了亚洲西南部，并进入中欧和非洲的部分地区，在17世纪末到达君士坦丁堡。正是在这里，玛丽·沃特利·蒙塔古夫人"发现"了这种接种技术，并将其引入英国，最终推广到欧洲其他地区和美国。

在玛丽夫人"发现"接种技术几年前，已有关于种痘术的报道被提交给伦敦皇家学会。事实上，中国的鼻腔种痘术早在1700年就被报道过两次，然后在1714和1716年，那些亲眼目睹过土耳其人种痘术的医生发表论文对其进行了描述，但是这些报道被普遍忽视了。[5]玛丽夫人（原姓皮埃尔蓬，第一代金斯敦公爵的女儿）似乎拥有一切：智慧、美丽、巨额财富以及社会地位，后者由她父亲的公爵身份和她丈夫的议员职位所赋予。由于生活在天花正处于其杀伤力巅峰时期的伦敦，她一定是在天花的阴影下长大的。1712年，她与爱德华·沃特利·蒙塔古议员结婚后不久，她深爱的弟弟威尔死于天花。然后在1714年，就在她的儿子爱德华出生后，她自己染上了天花。虽然她痊愈了，她的幼儿也安然无恙，但她美丽的脸庞上留下了疤痕，睫毛也永远消失了。当时，爱德华·沃特利·蒙塔古被任命为英国驻奥斯曼帝国大使，全家人还有一大群随行人员，包括他们的私人医生查尔斯·梅特兰，于1716年前往君士坦丁堡（现伊斯坦布尔）。由于玛丽夫人近期患过天花的个

170

人经历，她愿意接受任何保护自己孩子的方法也就不足为奇了，所以当她听说种痘术时，她热切地想做进一步的调查。在到达君士坦丁堡仅仅几周后，她写信给朋友莎拉·奇斯韦尔：

> 天花在我们中间是如此致命和如此普遍，而在这里，通过种痘术（这是他们给它取的名词）的发明，天花已经变得完全无害了。每年秋天的九月，当酷暑退去的时候，一群老妇人把种痘当作自己的生意。
>
> 人们互相传递信息，以了解他们的家人是否有人得天花；他们为此举行聚会，当他们碰面时（通常是15或16个人聚在一起），老妇人带着一个装满了最好的天花浆液的坚果壳，并问你要打开哪根血管。
>
> 她立即用一根大针划开你选定的血管（疼痛程度和普通划伤差不多），把针头上的所有天花浆液挤入血管中，然后用一个空心的贝壳把小伤口包扎起来，并以这种方式打开4到5条血管。
>
> 孩子们或年轻的病人一整天都在一起玩耍，直到第八天时都处于健康状态。然后，他们开始发烧，卧床睡觉两天，很少有人睡三天。他们的脸上很少有超过二三十个（痘痕），并且都没有留下痘疤，八天后他们就和生病前一样了。[6]

查尔斯·梅特兰医生从一位希腊老妇人那里学会了这项技术，1718年，他给5岁的爱德华的双臂上接种了天花。这是一个完全成功的案例。7到8天后，孩子发烧了，长了大约100个痘痕，但都痊愈了且没有留下痘疤。玛丽夫人一家在1721年又回到了伦敦，当时伦敦暴发了一场严重的天花流行，玛丽夫人说服梅特兰医生给她四岁的女儿玛丽接种天花。这一次有两位著名的医生作为目击证人参加，其中一位是颇具影响力的皇家学会主席、国王的医生汉斯·斯隆爵士。这次接种是成功的。过了不久，威尔士王妃卡罗琳非常想给她的两个女儿接种天花，但在此之前这项技术还没有在其他人身上进行过试验。纽盖特监狱六名服刑的罪犯被作为这项技术的试验对象，如果接种成功，他们就将获得自由；在梅特兰完成接种任务后，所有六名囚犯都获释了（他们很可能已经对天花免疫了）。当在伦敦圣詹姆斯堂区孤儿身上进行的进一步试验也平安无事以后，国王乔治一世同意给他的孙女们接种天花。这些备受瞩目的成功接种极大地推动了该技术在英国的普及。

但是，接种技术也有它的对手。许多医务人员真正担心的是成熟天花带来的危险，这种直接来自接种行为的天花可以将病毒从最近接种的对象传播给非免疫人群。然而，有些人更担心天花病例减少造成的收入损失，而另一些人则天生就对这种外国做法存有偏见。伦敦圣巴托罗缪医院医生、皇家医学院和皇家学会会士威廉·瓦格斯塔夫医生总结了当时的普遍态度：

> 后世的人们将很难相信，仅由少数无知妇人在文盲和没有头脑者中实践的方法，突然间凭着一点小小的经验，就在世界上最有学问、最有教养之一的国家里被接纳进入了王宫。[7]

宗教上的争论也十分激烈，并因第一批人接种成熟天花后导致的受到广泛关注的死亡而被推波助澜。埃德蒙·马西牧师1722年在霍尔伯恩的圣安德鲁教堂布道时表达的观点是其中的典型代表，他反对"这种危险的做法，因为接种天花违背了上帝的意志，上帝降下各种疾病（包括天花），要么是考验我们的信仰，要么是惩罚我们的罪恶"。[8]

玛丽夫人雄辩地驳斥了所有的论点，许多著名的医生都支持她。其中之一的詹姆斯·朱林于1723年向皇家学会提交的一篇论文，比较了接种天花与自然天花的风险，表明在最近的流行病中，5到6位天花患者中有1位死亡，而在接种后的91位天花患者中仅有1位死亡。[9]在此之后，接种技术成为英国公认的做法，它成功地保护了人们免受天花的侵袭，直到19世纪初接种天花被另一种更安全的疫苗接种方法所取代。然而，这种做法在欧洲流行得较晚，特别是在法国，医学偏见和宗教反对在那里占统治地位的时间要比在英国长得多。

天花疫苗接种

尽管在英国普及了天花接种，但对它的接受是参差不齐的。在农村地区，许多村民成年后从未接触过天花，一场流行病可能会夺走所有青年一代的生命，因此接种天花受到热烈欢迎。与之相比，在伦敦这样的大城市中，天花是地方病，它是对贫困家庭儿童的普遍威胁，没有人认为天花值得预防接种。所以，在整个18世纪，天花继续给城市地区的人们带来重创。

爱德华·詹纳（1749—1823年）在英格兰格洛斯特郡的伯克利镇长大，在伦敦圣乔治医院接受医学训练，于1773年回到家乡后，他沉溺于医学和自然史的双重兴趣之中。有趣的是，他被选为皇家学会会士不是因为他在天花方面的贡献，而是因为他对布谷鸟习性的发现：布谷鸟在其他鸟类的巢中产卵，一旦寄生的布谷鸟幼崽孵化出来，为了独享"养父母"的抚育，布谷鸟幼崽会把巢穴中"养父母"的亲生后代排挤出去。尽管如此，他的名字因他后来在天花疫苗接种方面的开创性工作而不朽，天花疫苗是一种独特的预防医学形式，它挽救了无数人的生命。

詹纳在乡下居住时，曾听说过牛痘感染能够保护人们免受天花侵害的传统故事，便着手进行调查。牛痘是牛的一种自然皮肤感染，会在牛的乳房上引起水泡。它常常通过感染挤奶者的手，直接传播给人类。詹纳在实践中经常进行天花接种，他亲眼看到"痘牛挤奶者"在接种后并未长出痘痕，似乎已经具有免疫力。这促使他于1796年在小男孩詹姆斯·菲普斯身上做了一个著名的（也是臭名昭著的）实验，詹纳用一个叫萨拉·内尔姆斯的挤奶女工手上的"痘痘"给菲普斯接种了牛痘。这个男孩感染了轻微的牛痘病毒，六周后詹纳给他接种了自然天花的脓液，但该男孩仍然安然无恙，这表明他已经获得免疫。詹纳在给朋友的一封信中写道：

> 我很惊讶牛痘脓疱在某些阶段和天花脓疱非常相似。但是，
> 现在听听我故事中最令人愉快的部分。此后，这个男孩又被接种了
> 天花病毒，正如我大胆预测的那样，它没有产生什么影响。我将以
> 加倍的热情继续我的实验。[10]

他做到了。随着下一次牛痘在1798年暴发，詹纳给另外五个孩子接种了疫苗，并用自然天花病毒对其中三个孩子进行试验，结果证明所有的孩子都已经获得免疫。同年，他在一本题为《关于牛痘预防接种原因与后果的调查，这种疾病发现于英格兰西部的一些乡村，特别是格洛斯特郡，以牛痘的名字为人所知》的小册子上公布了他的研究结果。

詹纳的"发现"很快就得到了其他人的证实，并被证明比天花接种安全得多。詹纳证明疫苗材料可以从接种过疫苗的儿童的痘痕中获得，这意味着可以建立一条手臂到手臂的疫苗链，而无须经常求助于挤奶女工或有痘痘的奶牛。通过这种方法，疫苗接种的做法迅速在英国、欧洲和世界各地扩散开来。1803年，曾因天花而丧子的西班牙皇帝查理四世发起了一支远征队，即巴尔米斯-萨尔瓦尼远征队（以领导它的医生们的名字命名），目的是为西属美洲殖民地接种天花疫苗。他们从西班牙的拉科鲁尼亚港起航，船上有21名当地孤儿院的孤儿，通过形成一条手臂到手臂的疫苗链，在航行中保持疫苗的存活。到1801年，英国已经有超过10万人接种了疫苗，其影响是巨大的。伦敦的天花死亡率从18世纪末的91.7‰下降到1801至1825年间的51.7‰，再到1851至1875年间的14.3‰。在瑞典，从1816年起，天花疫苗的广泛普及和强制接种使天花死亡总数从1801年的1.2万人下降到1822年的11人。在同一时期，瑞典男性的平均预期寿命从35岁上升到40岁，女性从38岁上升到44岁。[11]

尽管有些人出于宗教理由反对疫苗接种，认为这是对上帝意志的干扰，但接受这种做法变得相对容易起来，主要归功于先前围绕天花接种而进行的斗争，天花接种现在被作为更安全选择的疫苗接种取代。詹纳为此获得了巨

175

大的声誉，甚至在其有生之年就成为传奇人物。在他死后80年，法国微生物学家路易斯·巴斯德为了纪念他，创造了术语"疫苗接种"（vaccination）来指代预防传染病的所有接种行为。巴斯德在1881年伦敦国际医学大会的致辞中说道：

> 我给"疫苗接种"这一术语做了扩展，我希望这门科学将被奉为神圣，以表示对最伟大的英国人之一詹纳的功绩和他所做出的巨大贡献的敬意。我真的很荣幸能够在伦敦这座高贵而热情的城市赞美这个不朽的名字。[12]

176　　该术语今天仍在使用。

　　爱德华·詹纳在他1801年的小册子《疫苗接种的起源》中提出："消灭作为人类最可怕祸害的天花，必须是这一做法的最终结果。"[13]他是对的，尽管在实现这一目标之前还有许多的障碍需要克服。

　　手臂到手臂的疫苗接种很麻烦，常常出现供应不足的问题，并很快就被发现会传播其他疾病，尤其是梅毒。1814年，意大利里瓦尔塔发生了一起令人震惊的事件，63名儿童无意中接种了来自一名患有先天梅毒的表面健康婴儿的疫苗。其中44人患上梅毒，一部分人死亡，另一部分人将梅毒传染给了他们的母亲和接种的护士。[14]当能够从接种牛痘的牛犊侧身多个部位定期获得疫苗时，这些问题最终得以解决，从而为大规模生产的标准化产品铺平了道路。另一个问题在疫苗接种技术引入大约20年后天花在欧洲再次出现时变得异常突出。虽然与18世纪的灾难性打击相比，这一时期的死亡率已很低，但现在这种流行病的模式已经发生了改变，成人首当其冲受到感染，而儿童（最近接种过疫苗）则幸免于难。因此，显而易见，疫苗接种并不能提供终身保护，它需要在整个生命周期中每隔一段时间重新接种。

　　到1896年，即詹纳发现疫苗接种一百周年之际，我们已经制定了成功的天花疫苗接种策略，已经可以考虑在全球范围内消灭该流行病，尽管还未弄清楚天花传染因子的性质。

世界卫生组织于1966年宣布开展"全球天花根除运动"，当时该病毒已 177
从欧洲和美国被消灭，但仍在31个国家流行，形成四个主要区块：南美、印
度尼西亚、撒哈拉以南的非洲和印度次大陆。借调自位于亚特兰大的美国疾
病控制与预防中心的唐·亨德森领导的世界卫生组织研究小组认为，由于该
病毒没有人类或动物贮主，切断感染链是在全世界消灭该病毒的关键。他们
采取了三管齐下的攻击方式：将疫苗接种率保持在80%以上；隔离病例以防
止传播；追踪和隔离接触者。这个策略非常成功，以至于在十年内就实现了
他们的目标，并最终在1980年可以庆祝一个没有天花的世界，这距詹纳通过
给詹姆斯·菲普斯接种疫苗开启这一进程不到200年的时间。它宣告了这个
仅在20世纪就杀死了3亿多人的疾病不复存在。

毫无疑问，如果没有天花病毒，世界将会更加安全，但在根除运动结束
时，这种病毒并没有被完全销毁，而是储存在位于亚特兰大的美国疾病控制
与预防中心和莫斯科的病毒制剂研究所。这些储存的病毒本应在20世纪末被
销毁，但当预定销毁日期到来时，那些认为该病毒可能对未来有研究价值的
人们，以及那些不赞成蓄意消灭任何"活"物种的自然资源保护者推迟了这
一决定。

在激烈争论的同时，美国发生的"9·11事件"以及随后2001年10月和
11月的炭疽生物恐怖袭击等重大事件彻底改变了游戏规则。现在人人都承
认，生物恐怖主义是一个真正的威胁，储存在那里的天花以及炭疽和肉毒杆
菌毒素是最有效的武器之一。由于疫苗接种在天花被根除后不久就停止了， 178
现在世界上大多数人口都容易受到天花病毒的感染，而且疫苗储备严重不
足。这种病毒相对稳定，可以长时间保持活性，而且很容易大量生长，并可
以经空气传播。恐怖组织还能找到比这更好的生物武器？没有人真正知道在
那里有多少病毒，以及它落入了谁的手中。20世纪80年代，有传言称俄罗斯
的军事科学家正在制造更致命的病毒，例如天花/埃博拉混合病毒。[15] 随着

苏联在20世纪90年代宣布解体，这些科学家分散到其他国家，也许他们随身携带着病毒。当美国政府决定给高危人群接种疫苗为可能发生的生物恐怖袭击做准备时，疫苗的副作用尤其是它引起的心脏问题，与人们所感知到的威胁相比，大得令人无法接受。因此，目前那些主张坚持保留该病毒的人赢得了胜利；有关更安全的疫苗和抗病毒药物的研究目前还在进行中，所以该病毒何时会被彻底消灭还没有定论。

天花疫苗接种在18世纪取得了令人难以置信的成功，这表明对传染病的预防是可能的，但人们在研制出下一代成功的疫苗之前花费了80多年时间。又一次在不知道致病微生物性质的情况下，巴斯德研制出了一种狂犬病疫苗，当它还在动物身上进行试验时，他被说服给一个被疯狗狠狠咬过的小男孩约瑟夫·梅斯特使用。它拯救了男孩的生命。这一成功不仅使巴斯德在整个欧洲享有盛誉，而且也促进了疫苗的研究和生产。巴斯德发现，在实验室长期生长而"弱化"的细菌往往被证明是理想的疫苗，它们虽然失去了致病的能力但仍可以诱导免疫应答。随着19世纪末20世纪初越来越多的急性传染病病原微生物被分离出来，疫苗的研制成为当务之急。现在，疫苗接种被认为是最具成本效益的传染病预防策略，工业化国家几乎所有的儿童都定期接种结核病、破伤风、白喉、百日咳、腮腺炎、风疹、麻疹和小儿麻痹症疫苗，其中许多疾病正在逐渐被人们淡忘。现在有了对付黄热病、乙型肝炎、肺炎链球菌和轮状病毒等杀手的新型疫苗，世界卫生组织正着手使麻疹、小儿麻痹症、狂犬病、麻风病和乙型肝炎等疾病按照根除天花的模式被消灭。

179

抗生素的发现

在抗生素时代到来之前，人们可以通过疫苗预防某些传染病，但无法治愈它们。所以当抗菌药物出现时，它们似乎是一剂灵丹妙药。磺胺类药物是第一种具有抗菌活性的药物，它于1932年被发现。德国拜耳实验室的医学研究员格哈特·多马克在测试了数百种不同的化合物后，发现了一种化学染料百浪多息（prontocil），可以治愈多种迄今为止仍然致命的细菌感染。1937年，更为活跃的百浪多息衍生物磺胺类问世，而对磺胺类药物敏感的微生物主要是链球菌，该细菌引起了许多种常见的感染（例如猩红热、蜂窝织炎、产褥热和术后伤口感染等）。多马克1939年因其贡献而被授予诺贝尔奖，但由于希特勒禁止任何德国国民接受该奖项，他不得不等到第二次世界大战结束后才领取。

下一个具有里程碑意义的发现是青霉素。与磺胺类药物相比，青霉素具有更广泛的抗菌活性，它的及时出现挽救了成千上万在第二次世界大战中受伤士兵的生命。它的发现预告了抗生素时代的来临；现在仅凭几粒药片就可以治愈肺炎、脑膜炎和白喉等杀手，在抗生素的掩护下，外科手术技术在变得更加安全的同时，也变得更为激进和更具侵略性。

青霉素从发现、纯化到大规模生产的历史，是一个胜利的历史，但也是引发主要参与者之间竞争和冲突的历史。苏格兰医生亚历山大·弗莱明爵士第一个注意到霉菌青霉菌的抗菌特性，尽管他发现的方式有些偶然。第一次世界大战期间，弗莱明在西线的战地医院工作，每天只能无助地看着成千上万的年轻士兵死于伤口感染。这一经历扭转了他的研究方向，到他具有里程碑意义的发现之时，他已经通过分离弱的抗菌酶和溶菌酶而成名，溶菌酶是人体抵御入侵细菌的天然防御手段之一。

人们都说弗莱明是一个典型的教授，异常聪明但疏忽大意、杂乱无章。他在伦敦圣玛丽医院的研究实验室总是一团糟，但在1928年的某个特定时刻，我们可以原谅他。等他度假回来，发现一些被遗忘的细菌培养皿里满是霉菌，但当他准备丢弃它们时，他注意到一些真菌菌落周围有个明显的区域，细菌在那里的生长受到抑制。这引起了他的兴趣，他将该霉菌鉴定为青霉家族的一个新成员，并着手提取其产生的抗菌物质。他称之为"青霉素"（penicillin），并在次年发表了他的发现。[16] 由于青霉素很难纯化，弗莱明可以处理的数量很少，所以这篇文章几乎没有引起什么关注。同年，他尝试

180

181 用它治疗一些感染患者，但收效甚微，直到他的一名实验室助理K. B. 罗杰斯医生在即将参加步枪射击比赛前几天患上了由肺炎链球菌引起的化脓性眼部感染，弗莱明被说服再试一次。随着青霉素的使用，感染迅速被清除，罗杰斯在比赛中的视力也很好[17]，但由于某些原因弗莱明没有继续探究这个具有潜在重要性的成果。

1932年，曾在圣玛丽医院接受训练的谢菲尔德皇家医院病理学家塞西尔·G. 潘恩医生也成功地使用弗莱明霉菌的"汁液"冲洗患者的眼睛，治愈了眼部感染病例。潘恩的成功案例包括两名患有淋球菌性结膜炎的新生儿以及一名右眼有穿透性损伤的煤矿经理。这位煤矿经理的眼部患上了肺炎链球菌感染，所以无法进行急需的去除异物的手术。潘恩成功地用青霉素治愈了感染，煤矿经理的眼睛得以保住。但弗莱明仍然犹豫不决，他需要一位专业的化学家来纯化足够数量的青霉素，以进行全面的临床试验。当找不到愿意承担该项目的人时，他就对青霉素失去了兴趣，转而从事对溶菌酶的研究。

1938年，霍华德·弗洛里加入对青霉素的研究中。出生于澳大利亚的弗洛里是一位聪明的年轻医生，他在牛津大学的威廉·邓恩爵士病理学院领导了一个大型研究团队。他和他的同事、同样聪明的生物化学家恩斯特·钱恩，一位来自纳粹德国的犹太难民，决定尝试纯化青霉素。1940年，在面临欧洲战争尤其是英国面临希特勒入侵威胁的情况下，他们已经成功地生产出足够数量的青霉素以用于动物试验，他们在小鼠身上进行了实验，证明了这种药物的强大功效。当时，他们相信自己正在制造一种至关重要的药物，当各色船只组成的船队从敦刻尔克海滩上救出支离破碎的英国残军时，该研究
182 团队聚在一起为一切可能发生的情况制定了周全的计划。弗洛里、钱恩和其他人把特异青霉孢子藏在他们的大衣衬里中，以便在德国入侵和牛津实验室被毁的情况下，他们可以在其他地方重新开始研究工作。[18]幸运的是，入侵得以避免，研究工作从而继续进行。

在读到了弗洛里发表在1940年8月《柳叶刀》上的动物实验结果[19]之

后，弗莱明立即拜访了弗洛里在牛津大学的研究团队，弗莱明对他们说"看看你们对我的青霉素做了些什么"。[20]这是青霉素发现者和牛津大学研究团队之间的第一次正面交锋，而且，如众所知，钱恩对弗莱明还活着表示惊讶万分。

弗洛里当时正在为大规模生产青霉素所需进行的临床试验而寻求商业支持，但饱受战争蹂躏的欧洲大环境对此不太有利，到最后他自己着手完成了这项任务，几乎把邓恩学院变成了一个工厂。1941年初，临床试验开始，它的结果非常惊人：用青霉素治疗的6个病人的情况都有所改善，其中2个病人被从死亡边缘抢救了回来。由于这些令人鼓舞的成效且美国要为即将参战做准备，弗洛里获得了美国的商业支持，大规模生产很快跟进。但弗莱明、弗洛里和钱恩之间的关系并不总是十分融洽，当媒体授予弗莱明有关"奇迹疗法"的大部分荣誉时，弗洛里特别不高兴。但是，由于角色和技能的截然不同，他们各自为最终的"奇迹"做出了独特的贡献。1945年，他们因其成就共同获得了诺贝尔奖。

有了这项令人难以置信的成就，一切似乎都表明细菌将被征服；数百种新的抗生素被发现，从而可以治愈各种细菌感染。一些人满怀信心地预言，183自一万年前农业问世以来，一直祸害人类的传染病微生物将会消亡，但事实并非如此。由于滥用抗生素，微生物进行了反击。耐甲氧西林金黄色葡萄球菌（MRSA）和结核分枝杆菌等抗生素耐药菌已经出现，我们已经无计可施了。正如我们将在下一章中看到的那样，人们再次死于在十年前还能被轻易治愈的感染。

第八章 反 击

纵观历史，微生物无疑占据了上风。但到了20世纪中叶，我们的反击进
行得如火如荼，而且有一段时间，似乎真的可以最终战胜致命的流行病。美
国卫生总监威廉·斯图尔特在1967年大张旗鼓地宣布"我们现在可以合上传
染病这本书了"，但我们很快就看到了新的、有时甚至致命的微生物开始出
现。从那时起，它们以每年一次左右的速度袭击我们，而现在这种频率正在
增加，这一情景似乎是一万年前驯化野生动物时引发的一连串新的人类感染
事件的写照。今天的原因与当时的原因大致相同，即环境变化使我们接触到
"新的"微生物，然后这些"新的"微生物由旅行者传播开来。

今天主要的新兴微生物威胁是HIV病毒在全球范围内的无情传播、微生
物耐药性的幽灵隐现、变异的流感病毒可能再次引起可怕的人类大流行，以
及出现某种完全未知且可以在我们中间轻松传播的人畜共患病。但在后基因
组时代，我们不再在无知中与未知的敌人作战。在本章中，我们将探讨新兴
微生物数量不断增加的原因，并追问，凭借我们已经积累的所有科学知识，
在抗击微生物的战斗中我们是否比我们的祖先准备得更好。

尽管我们与微生物的抗争经历了各种起伏，但事实仍然是，智人是有
史以来漫游在这个星球上的最成功的物种。凭借复杂的大脑，我们能够进行
详细的前瞻性规划和高度复杂的语言交流，我们已经成功地适应了地球表面
几乎每一个环境生态位的生活。尽管遭受自然灾害、战争和杀手微生物的蹂

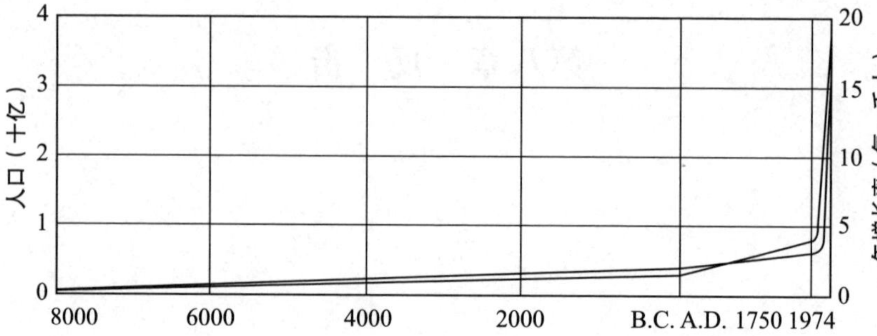

图8.1 公元前8000—1974年的人口增长情况
（资料来源：引自安斯利·J.科勒:《人口史》，美国科学公司，1974年9月。版权所有）

蹦，我们的人口仍在稳步增长，以至于我们现在主宰着地球上的生命。自公元时代开始以来（当时的世界总人口约为3亿），世界人口大约每500年翻一番。到1800年达到10亿人，到1900年达到16亿人，但最近出现了井喷式的增长：在整个20世纪，人口平均预期寿命翻了一番，数量增长了四倍。[1]现在世界上有60多亿人，其中的50%生活在城市（图8.1）。

186 这场前所未有的人口爆炸的结果已经很明了；我们生活在一个自然丛林正在快速消失的世界里，它们被迅猛扩张的混凝土丛林取代。世界上最大的城市是东京，拥有令人难以置信的3 800万居民，但如今，我们绝大多数的大城市都位于发展中国家，其中排名第一的是拥有2 100多万人口的墨西哥城。世界人口预计到2050年将达到80亿至90亿，到21世纪末将达到90亿至100亿，城镇人口的增长将持久不衰。

人类为其惊人的成功故事付出了高昂的代价；虽然所有其他物种都受其环境的控制，但现在我们控制着我们的环境。我们正在做什么样的工作呢？在一个资源有限、规模有限的世界里，这些严峻的人口统计数字是令人震惊的；我们目前创造的局面在未来是不可持续的。迅速增长的人口，加上人类的贪婪，是当前大多数全球性问题的根源：能源危机；缺乏清洁水；大气、海洋和陆地污染；植物和动物灭绝，生物多样性丧失；臭氧层空洞和全球变暖。除了这些潜在的灾难以外，人口过剩也是新兴微生物崛起的关键因素。

在这个过度拥挤的世界里，我们一直在不断地挑战文明的边缘。无论是为了寻找食物、工作、住所，还是仅仅为了一个令人兴奋的挑战，我们都会入侵新的环境，破坏几千年来一直处于稳定状态的生态系统。无论是被破坏的雨林、被堵塞的河流，还是被猎杀的野生动物，它们每一个都是我们所知甚少的微生物的生态位，其中一些微生物还有可能感染甚至杀死我们。快速浏览一下我们中间最近出现的微生物名单，可以发现它们大多数都是首先从野生动物身上被获取的（表8.1）。

我们已经目睹了SARS是如何在广东省出现的，那里的人们喜欢从农贸市场上购买肉类，研究表明，一些当地的农民和商贩以前也遇到过SARS病毒。因此，该病毒显然以前曾多次从动物转移到人类身上；谁知道它或其他类似的病毒何时会再次这样做呢？

187

表8.1 自1977年以来出现的人类病原体样本

年份	病原体	疾病	动物源头
1976	埃博拉病毒	出血热	不详
1977	汉坦病毒	肾综合征出血热	啮齿动物
1977	嗜肺军团菌	军团病	无
1982	伯氏疏螺旋体	莱姆病	鹿、羊、牛、马、狗和啮齿动物
1983	HIV1型病毒	艾滋病	黑猩猩
1986	HIV2型病毒	艾滋病	白眉猴
1993	辛诺柏病毒	汉坦病毒肺综合征	鹿鼠
1994	亨德拉病毒	病毒性脑炎	果蝠
1997	H5N1流感病毒	严重流感	鸡
1999	尼帕病毒	病毒性脑炎	果蝠

续表

年份	病原体	疾病	动物源头
2002	SARS病毒	非典型肺炎	中华菊头蝠
2009	H1N1流感病毒	猪流感	猪和鸟
2012	中东呼吸综合征冠状病毒	中东呼吸综合征（MERS）	骆驼
2016	寨卡病毒	寨卡热	猕猴

热带雨林的生态系统是世界上最多样化的，它与致命的微生物紧密结合。几个世纪以来，黄热病病毒和疟原虫阻止了我们征服非洲丛林，但还有更多的微生物潜伏在那里，随时准备攻击任何干扰其微妙平衡的人。一个著名的例子是致命的埃博拉病毒，它以在偏远的热带地区引起爆炸性的大流行而著称。自1976年被发现以来，已经有20多起此类流行病，所有的疫情都被控制在当地，直到2014年西非几内亚暴发疫情。这场疫情迅速蔓延到其邻国利比里亚和塞拉利昂，然后通过航空旅行抵达尼日利亚、美国和西班牙。2016年初，疫情终于得到控制，但这时已报告病例超过2.8万例，死亡率达40％。它的天然动物宿主仍然未知，我们必须找到它并阻止这些暴发，因为每一个新的宿主都会给病毒一个可乘之机，使之有机会进化出更高效的传播方式在人与人之间传播并感染更多人群。

HIV1型病毒是从非洲雨林中产生的另一种病毒，它是从黑猩猩亚种西非黑猩猩身上转移出来的。这些大型灵长类动物生活在非洲中部，但由于我们对它们栖息地的破坏和对"野味"的渴望，它们几乎已经灭绝。不难看出，黑猩猩血液中的病毒是如何在杀戮和屠宰这种动物的血腥过程中转移到人类身上的。对储存的非洲血样库的分析表明，在20世纪30年代之前，HIV1型病毒就已经多次转移到人类身上。[2]现在游客们对于野味的需求有增无减，仅在刚果，每年就消耗掉大约100万～500万公吨的野味，因此科学家最近发现了其他一些灵长类动物的病毒偶尔跃迁到人类身上的证据也就不足为奇了。[3]这些病毒中的一种在人与人之间成功传播并引发新的流行病可能只是时间问题。

但野味贸易并非是唯一令人担忧的原因。用于农业、科学实验或宠物饲养的活体野生动物国际贸易现在是一个价值数十亿美元的产业。德国经历了马尔堡热的第一次暴发，这场流行病由一种类似埃博拉的出血热病毒引起。该病毒藏在来自乌干达的一批非洲绿猴身上于1967年抵达德国，感染了31名实验室工作人员，造成其中7人死亡。最近，猴痘疫情在美国暴发，该病毒由冈比亚大鼠携带，从加纳进口到美国的国外宠物市场。[4]该病毒从大鼠身上转移到同住在一家宠物店的草原犬鼠身上，并从那里转移到它们的主人身上。在该微生物感染了71人之后，感染链才终止。还有报道说，已经从巴布亚新几内亚以野生猪肉为食的养殖鳄鱼身上发现了旋毛虫，这种威胁生命的蠕虫很容易传染给饲养员。[5]谁知道角落里还会藏着什么？

贫 穷

从许多数据中可以清晰地看出，贫穷是引发与微生物相关的死亡的主要原因。在全球范围内，微生物仍然是主要的杀手，造成了所有死亡人数的三分之一。但发达国家和发展中国家之间死亡率的巨大差异揭示了严峻的现实。在西方，只有1%～2%的死亡是由微生物引起的，而在世界上最贫穷的国家，这一数字上升到50%以上，全球95%以上的感染死亡正是发生在那些微生物严重感染地区。[6]每年被微生物杀死的人中，大多数是发展中国家的儿童，这些国家与贫穷之间关系密切。穷人营养不良，生活在肮脏、拥挤的城市贫民窟中，没有干净的饮用水或污水处理设施，因此他们成为杀手微生物的牺牲品：HIV病毒、疟疾、结核病、呼吸道感染和腹泻病，诸如霍乱、伤寒和轮状病毒等。只要有资源，所有这些疾病都是可以预防和治疗的。

HIV病毒的传播是展示微生物如何利用贫困人口袭击社区中最弱势群体的一个极好的例子。该病毒在非洲中部出现，20世纪初在整个非洲大陆悄无声息地传播，其漫长的无症状潜伏期使该病毒的传播处于领先地位，并得到专制领导人、腐败政府、内战、部落冲突、干旱和饥荒的帮助。该病毒由不守纪律的军队和恐怖分子携带，渗透到城市贫民窟，感染了商业性的性工作者，并被外来务工人员获得，传播给他们的妻子和家人。虽然营养不良加速了艾滋病的发病，但在非洲的政治动荡中，医疗服务体系的崩溃使向数百万有需要的人提供医疗帮助变得不可能。

现在，我们正生活在世界上有史以来最严重的HIV大流行中。自1983年发现该病毒以来，截至2015年，世界卫生组织报告全球7 800万人感染HIV病毒，死亡3 500万人。2015年有3 670万人感染HIV病毒，其中70％在非洲南部。居住在撒哈拉以南的非洲城市的人口中有18.5％感染了HIV病毒。尽管抗逆转录病毒疗法已将这种致命疾病转变为西方可控制的慢性感染，但目前只有46％的非洲HIV病毒感染者接受了这种治疗；对其余人来说，由于无法获得对维持生命至关重要的药物，他们已经时日无多了。

191　HIV病毒在非洲的发展动态反映了它的传播方式。由于该病毒是通过性传播的，性别不平等意味着妇女特别容易受到伤害。一般来说，她们比男性更贫穷，受教育程度也更低，并且通常无权选择或限制其性伴侣，无权坚持使用安全套。事实上，许多人被迫用性来换取食物、住所和学校教育等必需品。现在，HIV病毒在女性中的感染率是男性的两倍，25％的新感染发生在15至24岁的女性中间。

非洲绝大多数的HIV病毒女性携带者是母亲，该病毒在全世界造成了1 500万孤儿，其中1 200万在撒哈拉以南的非洲。这些儿童承受着HIV病毒大流行的重担；他们被迫辍学以照顾生病的母亲或赚取家庭收入；该病毒不仅夺走了他们的父母，也剥夺了他们的童年和受教育权。

旅　行

在整个历史的长河中，我们看到了旅行者是如何传播微生物的：首先导致旧大陆彼此分散的传染病池合并，然后作为先锋入侵新世界，最后将微生物传播到世界上所有最孤立的社群。一般而言，流行病的传播速度只能和人类旅行的速度一般快，所以在沿着古老的贸易路线以马匹或骆驼运输商品、风力帆船从一个港口驶向另一个港口的时代，它的进展是缓慢的。许多潜在的人类微生物一定是在缺乏易感患者来维持其感染链的过程中死亡的。但是当19和20世纪的运输革命加速发展时，微生物也从中受益，其传播比以往任何时候都更远更快。英国和澳大利亚之间旅行时间的缩短很好地证明了这一点，从18世纪乘帆船航行需要一年，缩短到19世纪初乘快速帆船航行需要100天，再缩短到20世纪初乘蒸汽轮船航行需要50天。[7] 这大大增加了旅行者引发流行病（例如麻疹）的机会，麻疹的潜伏期为14天。在19世纪，麻疹病毒要到达澳大利亚，必须经过一条由6名易感者在船上组成的传染链，但在20世纪初乘蒸汽轮船旅行时只需要3名易感者。在斐济和冰岛这样的小岛屿上，旅行时间的缩短尤为明显，那里人口稀少，主要依靠航运获取重要物资。这些岛屿太小而使地方性微生物无法维持自身，所以流行病是通过海路抵达的，随着旅途时间的缩短，它们发生的频率相应增加。

但是，与20世纪航空旅行的影响相比，水路航运的进步对微生物传播的影响简直微不足道。地理空间急剧萎缩，以至于我们现在几乎可以在一天之内从世界上的一个大城市到达任何其他城市，并且由于我们庞大的全球人口数量、更大的飞机和费用低廉的机票，越来越多的人比以往任何时候都更加频繁地旅行，其目的地也越来越远。伦敦卫生与热带医学院的大卫·布拉德利在20世纪80年代后期进行的一项有趣的个人研究，很形象地说明了这一点。他绘制了其家庭中四代男性（他的曾祖父、祖父、父亲和他自己）一生的出行方式，显示出空间范围在每一代的时间里增加了10倍，他自己的是其曾祖父的1 000倍。[8]

微生物利用这一新机会的速度并不慢。随着每年数以百万计的人乘飞机出行，微生物传播的风险急剧增加，它们可能藏在人类、动物或者昆虫体内。我们在前面的章节中已经看到了许多例子：西尼罗热病毒可能是从中东被偷渡的蚊子带到美国的，HIV病毒是由海地来的游客带到美国然后遍及整

192

193

个美国和欧洲的城市的，SARS病毒通过人体孵化器从中国香港飞向其他五个国家。即使是传统的热带传染病现在也已在世界范围内流行。1983年，距离伦敦盖特威克机场12英里的一家乡村酒吧的老板突然患上疟疾倒下，该微生物还感染了一名不幸的摩托车手，当时这个车手正好路过该村。[9]最近，日内瓦机场附近的几位居民在从未离开瑞士的情况下染上了疟疾，而这种疾病是由携带寄生虫的蚊子搭乘飞机从热带地区带过来的。或许最出乎意料的是，2015年埃博拉病毒藏在返乡的救援人员体内从西非飞抵欧洲和美国，它在扩散被遏制之前就已转移到了当地居民那里。

抗生素耐药性

1945年，亚历山大·弗莱明爵士预测了微生物会进化出抗生素耐药性，他在诺贝尔奖颁奖演说中指出，"在实验室里把微生物暴露在不足以杀死它们的浓度下，并不难使微生物对青霉素产生耐药性，同样的事情也会在人体内偶尔发生"[10]。但当时几乎没有人注意到他的警告，或许是因为青霉素一上市，科学家们就着手开发更多的天然抗生素，而化学家们则在修补天然分子以制造新的活性衍生物。因此，在可以从数百种神奇药物中进行选择的情况下，几乎没有医生认真考虑微生物的耐药性。60年后，我们面临着一个巨大的全球性问题：越来越多的微生物对多种药物产生了耐药性，抗生素的天然来源差不多已经枯竭，而且几乎没有新药在研制。我们是如何走向这一危机局面的？

194

大多数抗菌药物（例如青霉素）都是抗生素——由细菌和真菌产生的天然化学物质，可以抵御其他微生物。"抗生素"这个词的意思是"对抗生命"，用来形容它们通过关闭基本功能杀死微生物的能力。从人类的角度来看，其好处在于抗生素只针对微生物，而让我们自己的细胞毫发无损。青霉素的作用是阻断转肽酶，而转肽酶是形成细菌坚硬的外壁所必不可少的。因此，当细菌尝试在青霉素的存在下生长时，它们的细胞会破裂并死亡。但细菌具有快速繁殖的能力，善于适应自然选择的过程。一个偶然的基因改变赋予了细菌对药物的抵抗力，这将使单个微生物具有竞争优势，以至于其后代在数小时内都具有同样的耐药性，它们将超越其竞争者并占领种群。但许多细菌不必等待抗性基因的遗传；它们可以通过基因交换从其他细菌中获取抗性基因，这一过程在细菌群落中普遍存在。由于许多抗生素抗性基因是染色体外的，由质粒或其他转座因子携带，所以它们具有高度的流动性。因此，多药耐药性不仅通过克隆耐药细菌的快速生长而传播，而且还通过交换攻击性基因而传播。

近年来，我们对抗生素的使用不断升级，有些是合法的，有些是不适当和不负责任的，微生物也在悄悄地利用这种情况。新的复杂的外科手术往往需要抗生素防止感染，以使患者获得最大的生存机会，但是在天平的另一端，针对一些小疾病（比如通常由病毒引起的咽喉感染）开具抗生素，通常不太可能使患者受益。然后，我们大多数人在生病的时候都愿意通过吃药快速康复，但是一旦感觉好转，就很容易完不成疗程。不按疗程吃药的部分治疗势必会产生抗生素耐药性，在药物首先杀死最敏感的微生物后，耐药的微生物就能够不受阻碍地生长。由于人们可以自由选择抗生素的种类和治疗时间，非处方抗生素使问题变得更加复杂。难怪在最容易获得这些药物的国家中发现了最高水平的多药耐药性微生物。社区微生物肺炎链球菌（俗称肺炎球菌）就是一个例子。它位列全球细菌感染和死亡榜单的榜首，能够引起支气管炎、耳鼻感染以及危及生命的肺炎、脑膜炎和败血症。多年来，肺炎链球菌已被青霉素成功杀死，但新出现的青霉素耐药性现在是一个世界性的问题。1985至2005年间，在抗生素免费供应的美国，它的发病率从5％上升到35％，但在英国的发病率仍保持在5％左右。[11] 科学家们已经用2000年在美国首次使用的新型肺炎链球菌疫苗进行了反击。这种做法减少了儿童感染的机会。有趣的是，抗生素使用量的减少消除了耐药微生物的选择有利性，从而扭转了耐药微生物的上升趋势。2005年，世界卫生组织建议，对全世界儿童和易感成人的接种应定期使用不同血清型的肺炎链球菌疫苗。

195

抗生素在农业中的过度使用也增加了耐药性。养殖动物消耗了世界上一半以上的抗生素。它们不仅被用来治疗患病的动物，而且整个畜群都能得到一剂防止微生物传播的药物。更糟糕的是，通过一些神秘的手段，低剂量的抗生素促进了养殖动物的生长，因此它们可能被添加到动物饲料中。尽管一些国家现在已经禁止了这种做法，但在其他许多国家，牲畜仍可以接受抗生素的终身治疗。这是耐药性微生物产生的一种诀窍。事实上，每年引起数百万人腹泻的一种人畜共患病微生物鼠伤寒沙门菌的多药耐药性病毒株已经在动物中出现并已播给了人类。

金黄色葡萄球菌在许多健康人的鼻腔中无害地生存，但在医院的外科病房和重症监护室，它一旦被释放，就会造成严重破坏。它可以在被褥或灰尘中存活数月，并且常常由医护人员不经意地从一名患者带到另一名患者身上。金黄色葡萄球菌的目标是最虚弱的病人，它感染他们的肺部、手术伤口和导管部位，并从那里侵入血液，引起高度危险的败血症。该微生物对抗抗生素的第一个策略是产生内酰胺酶，一种破坏青霉素分子的酶。当这种耐青霉素的金黄色葡萄球菌成为一个问题时，医生转而使用其半合成衍生物之一甲氧西林。但这个细菌随后产生了一种新型的转肽酶，这种酶不能被青霉素或甲氧西林阻断。为了治疗耐甲氧西林金黄色葡萄球菌（MRSA），医生求助于万古霉素，该药物通过另一种途径破坏细菌细胞壁。这种被称为"万不得已的抗生素"已经使用了30年，但在2002年，该微生物又卷土重来，耐万古霉素的MRSA在美国出现；它在全球传播的可能性现在已经变成了现实。

所以，围绕耐甲氧西林金黄色葡萄球菌继续展开的较量困扰着各大医院，它导致病房关闭和手术取消。在英国，MRSA的病例在20世纪90年代中后期急剧上升，每年需要10亿英镑的额外卫生服务费用。在丹麦、瑞典和荷兰的医院进行的研究表明，该微生物可以通过仔细的洗手清洁和严格的病人隔离措施被战胜。这些措施在英国的使用已导致MRSA病例急剧下降（图8.2）。

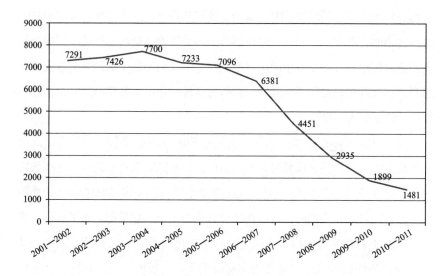

图8.2 2001—2011年英国医院的MRSA病例数
（资料来源：《年度流行病学评论》，英国公共卫生局，2014年，皇家版权；
http://webarchive.nationalarchives.gov.uk/20140714112302/http://www.hpa.org.uk/webc/HPAwebFile/
HPAweb_C/1278944232434，皇家版权，2017年8月7日查阅）

  MRSA绝不是唯一的"超级病菌"。在全球范围内，耐多药结核病和疟疾是更为严重的问题，而现在耐药性HIV病毒正在抬头。尽管这三种反复出现的微生物是由完全不相关的微生物使用截然不同的传播途径引起的，但它们三者之间现在有着千丝万缕的联系。所有这三者都瞄准了撒哈拉以南的非洲，在那里，HIV病毒可以增强另外两者的影响，特别是重新激活静止性的结核病。这些微生物中的每一种造成的问题都是巨大的，我们所能提供的唯一答案是廉价有效的疫苗接种。但是，由于目前还没有针对HIV或疟疾的疫苗，而且传统的结核病卡介苗（BCG）仅部分有效，控制方案严重依赖于目前受到微生物耐药性危害的药物治疗。

  由于抗生素不能有效对抗病毒，因此HIV病毒在20世纪80年代的出现促使制药公司开发抗病毒药物，随着用于识别药物靶标的新分子技术的出现，这一领域蓬勃发展起来。1990年，市场上只有四种抗病毒药物；15年后有40

198

多种，其中大部分是针对HIV病毒的。这些药物彻底改变了西方国家对HIV病毒感染的管理方式。如今，依靠制药公司提供的廉价药物和仿制药物，抗逆转录病毒疗法正在发展中国家缓慢推广。但我们仍然无法消灭病毒或治愈患者。这些药物只是花钱买时间，直到患者最终用尽了各种治疗方案，然后该微生物畅通无阻地生长。

导致HIV病毒携带者并非总是定期服药的原因有多种。一方面，这是一项终身的承诺，往往涉及每天几次服用许多不同的药片。此外，这些药物可能会产生令人不快的副作用，当这些副作用与HIV病毒感染的症状叠加在一起，尤其是在晚期时，这些药物通常是令人无法忍受的。有了这种不依从性，怪不得HIV病毒和其他微生物一样进化出了它的耐药性。医生们过去认为耐药性病毒株比未突变的病毒株更弱，传播的可能性也更小，但最近一份描述纽约一名感染了一种高毒力HIV病毒株的滥交同性恋男子的报告表明，情况并非如此。[12]该病毒被媒体称为"艾滋病超级病毒"（AIDS Superbug），它对当时四种抗艾滋病药物中的三种都有耐药性，所以几乎不可能得到有效治疗。更糟糕的是，他的病情发展得非常迅速，以至于在感染20个月后，他的免疫力与通常感染HIV病毒10年后的患者免疫力一样低。HIV病毒的耐药性现在是一个大问题，目前有六组抗逆转录病毒药物，每一组药物作用于不同的病毒靶分子，医生们正设法控制住它的耐药性，以使HIV病毒携带者的预期寿命接近正常人水平。

显然，疫苗研制是抗击HIV病毒的头等大事，尽管科学家们已经测试了能够刺激抗体或杀伤性T细胞反应的制品，但它们都无法预防这种病毒。由于HIV病毒可以通过快速变异而超过自然免疫力，也许常规疫苗不会成功。其他的策略，比如生产一种治疗性疫苗来提高免疫力并使病毒携带者保持无症状状态，是有可能的。这种疫苗正在进行测试，但没有人对该疫苗在未来五年内问世持乐观态度。

与此同时，我们必须在没有疫苗的情况下，通过全面攻击来抗击HIV病毒。如果我们能够中断它的感染链，并将R_0值降低到1以下，那么我们最终将获胜，但要想得到这个机会，我们需要加强所有的公共卫生措施：制定针对高危人群的教育方案、提供静脉注射吸毒者的针头更换工具，以及免费分发安全套。在非洲，如果要阻止这种病毒，就必须赋予妇女掌握自己生活的权利。为实现这一目的，具有杀菌作用的阴道霜正在研制中，但迄今为止，还没有哪一种措施被证明具有保护作用。

结核分枝杆菌在20世纪50年代开始药物治疗后不久就产生了对单个抗结核药物的耐药性，但这种耐药性被多种药物治疗方案成功地予以控制，以至于有人自信地预测结核病将在全球范围内被根除。但事实并非如此：结核分枝杆菌在20世纪70年代开始占据上风，到了20世纪90年代初，显然已经出现了结核病的全球紧急状况。

在纽约，一场完全出乎意料的结核病暴发首次提醒世界注意这种迅速增长的流行病。1968年，纽约市长计划在该市根除结核病，但仅仅十年后，纽约就处在暴发一场流行病的边缘。从市中心哈莱姆区和下东区为人熟知的贫民区开始，该微生物悄悄蔓延至周边地区，最终在纽约几乎所有的社区定居下来，只有最富有的地区例外。1992年疫情达到顶峰，当时受灾最严重的地区每平方英里报告了100多起新病例。[13]

这种令人震惊的结核病复发很快就被发现是一种世界性现象，其原因是贫穷和无家可归现象的日益严重（伴随着20世纪80年代美国城市公共卫生支出的削减）、HIV病毒诱发的免疫抑制使静止性结核病重新转为活动性结核病，以及药物使用导致的耐药性。尽管卡介苗是世界上使用最广泛的疫苗，但估计仍有20亿人感染了结核分枝杆菌，占世界总人口的三分之一。值得庆幸的是，这些感染大多是非活性的，但在2015年，世界卫生组织报告了全球1 040万活动性结核病例和180万死亡病例。毫不令人奇怪的是，其中95％以上的病例发生在中低收入国家，而撒哈拉以南的非洲受到的影响最严重。在这里，至少有60％的活动性结核病患者同时感染了HIV病毒，这是一种致命的组合。由于结核病对成年人的侵袭通常是在其一生中最有生产力的年龄，

200

因此该微生物造成了巨大的经济影响。

与耐甲氧西林金黄色葡萄球菌不同，结核分枝杆菌不能从其他微生物中获得耐药基因，所以它依靠自发的突变来骗过药物。由于突变是罕见的，因此产生多药耐药性所需的双重突变实际上只能由药物滥用引发。监管不力、法规遵从性差、处方不一致、药品供应不稳定以及无监管的非处方药销售都发挥了作用。目前，变异的耐多药结核病（MDR-TB）患者约占全球新病例的5%，受打击最严重的是东欧和中亚国家。2014年，世界卫生组织报告的耐多药结核病患者占这些国家新发病例和现有病例的比例分别达到35%和75%。[14]

抗击结核病大流行始于20世纪90年代世界卫生组织发起的短程直接观察疗法（DOTS），通过确保医务人员看护患者并定期提供免费药物，旨在给患者提供适当的治疗，使该微生物没有机会产生耐药性。该方案对药物敏感的结核病效果良好，但对大多数耐多药结核病病例没有效果。缺少对新病例的监测、缺乏诊断设施，加上耐多药结核病极其昂贵的治疗药物和糟糕的治疗方案，导致出现了更具耐药性的广泛耐药结核病（XDR-TB）。到2013年，耐多药结核病病例在中国、印度、俄罗斯十分猖獗，占当地结核病病例总数的22%。

到2014年，全球抗结核药物耐药性项目已经建立了一个由33个结核病诊断实验室组成的全球网络，这些实验室使用新发明的结核病快速分子诊断方法。这意味着可以通过适当的感染控制来防止该疾病的进一步传播。现在必须扩大这一过程，从而发现和治疗所有的耐多药结核病病例，但这一目标需要强有力的领导和政治承诺以获得必要的资金。

20世纪初，疟原虫被驱逐出美国和欧洲大部分地区。20世纪50和60年代，世界卫生组织发起了一项全球根除疟疾计划。该计划使用杀虫剂滴滴涕（二氯二苯三氯乙烷）杀灭蚊虫媒介，并使用氯喹治疗患者，取得了一些重大进展，特别是在南美洲、印度、斯里兰卡和苏联，尽管在其猖獗的撒哈拉

以南的非洲在控制该微生物方面所做的努力较少。但是，这个全球性的项目
很快就遇到了问题：它的费用非常昂贵，人们对在家中反复喷洒杀虫剂感到
不满，当抗滴滴涕的蚊子出现时，该微生物抓住了最后的救命稻草。几十年
来，当其他杀手微生物得到成功遏制的时候，疟原虫却变得不受控制。21世
纪初之前，世界的疟疾负担一直比较稳定，正是从这一时期开始疟疾造成的
死亡人数不断上升。在最近的疟疾复发中，疟原虫的猖獗受益于战争、内乱
和薄弱的医疗体系。环境和气候的变化将携带疟疾的蚊子带到了新的地区，
同时大量的人口增长促进了寄生虫的传播。杀虫剂耐药性仍然是一个问题，
但导致这场不断演变的灾难的主要因素是耐药性寄生虫的出现。氯喹曾经是
撒哈拉以南的非洲治疗疟疾的主要药物，但现在氯喹的耐药性微生物广泛存
在。2008年，世界卫生组织发起了一项新的全球根除疟疾计划。新的抗疟疾
药物可用于治疗抗氯喹疟疾，尤其是从青蒿（一种中国古老的退烧草药）中
提取的天然产物。此外，还大规模提供了廉价且高效的杀虫剂浸渍蚊帐，以
防止被夜间飞行的蚊子叮咬。

　　这些措施成功地降低了全球的疟疾感染率和死亡率。2015年，全球疟疾
感染人数估计为2.12亿，死亡人数为42.9万。

　　现在，世界卫生组织制定的全球应对疟疾计划的目标，是到2030年将疟
疾病例和死亡人数减少90％，从35个国家根除疟疾，同时防止所有无疟疾国
家的疟疾复发。

流　感

　　自从大约9 500年前中国人驯养水禽和猪起，流感病毒株可能已经跳到　204
人类身上，不断引发流行和最近的大流行。与此前其他大多数微生物的物种
转移不同，流感会定期在物种之间不停转移。迄今为止，现代科学对此几乎
束手无策。

　　适应人类的流感病毒可以在我们中间持续传播，它们通常保持低调，但

每到冬天都会暴发，主要针对老年人和慢性病患者，在全球范围内造成大约25万至50万人死亡。但是，时不时会出现一种席卷全球的大流行病毒株，感染并杀死数百万人口。在20世纪的三次大流行中，迄今为止最严重的是著名的1918年西班牙流感，它在第一次世界大战结束时暴发。就像在古代一样，这种大流行像一股巨浪一样笼罩着毫无戒备的世界，感染了全世界一半的人口，并造成了2 000万至5 000万人死亡。当时的人们不知道它来自哪里，由什么引起，也不知道如何对付它。但是，在不到100年后的今天，我们知道了答案，并且首次有机会看到一场新的大流行出现。

流感发作后，我们往往受到保护免于进一步的感染，而这主要是通过针对病毒颗粒表面的H蛋白（血凝素）和N蛋白（神经氨酸酶）产生的抗体来保护的。因此，在一场流行病之后，当大多数人都获得免疫时，该病毒就会失去力量。但是，与引起其他急性感染的病毒不同，流感病毒通过改变其H蛋白和N蛋白的基因进行反击，从而避开我们的免疫系统并重新感染人类。共有15种不同的H蛋白基因和9种N蛋白基因，流感病毒株根据它们的特殊组合被命名。最早的"西班牙流感"是由H1N1病毒引起的，在1957年它被H2N2流感（也称"亚洲流感"）取代，1968年出现了H3N2流感（也称"香港流感"）。1977年，H1N1流感（也称"俄罗斯流感"）再次出现。2009年，H1N1"猪流感"引起了一场大流行。

家禽和野禽是流感病毒的天然贮主。作为无症状感染对象，这些禽类在其肠道中携带着各种不同的病毒株，并能通过粪便排出这些病毒株。由于禽流感病毒有一个带有八个独立基因的分段基因组，来自不同病毒株的基因有时会混合和匹配，从而产生"新的"病毒株。这种情况发生在两种不同的流感病毒株感染同一个细胞并且出现杂交病毒的时候，而该杂交病毒包含来自两个亲本病毒的各种基因混合物。

禽流感病毒通常缺乏感染人类细胞所需的受体结合蛋白，但一些家畜如猪和马对禽流感病毒株和人流感病毒株都易感。因此，人流感病毒株和禽流感病毒株之间的基因交换经常发生在猪或马身上，引起病毒组成中的重大

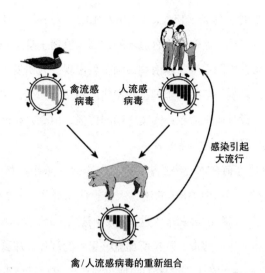

禽/人流感病毒的重新组合

图8.3　流感病毒株在猪身上重新组合后出现的大流行
（资料来源：多萝西·克劳福德：《隐形的敌人》，牛津大学出版社，2000年。
使用得到牛津大学出版社的许可）

基因变化，称为抗原转换（图8.3）。在这种混合之后，偶尔会出现一种"新的"病毒株，这种病毒株会在人类中感染并传播，而且由于人群对这种"新的"病毒株完全陌生，它可能会引起大流行。

　　流感大流行后，同一病毒株通常会在群落中停留一段时间，并在其传播过程中缓慢实现突变积累。这就是所谓的抗原漂移；当病毒发生了足够的变化以至于无法被我们的免疫系统识别时，它将能够再次感染人类并引发新的流行病。

207

　　H5N1禽流感并不新鲜。它于1959年在苏格兰的鸡群中首次被发现，随后在20世纪90年代出现在东南亚的养鸡场。这个阶段，它只引起了家禽的轻度疾病，但在20世纪90年代中期的某个时间，它突变成一种高毒力的病毒株，在48小时内杀死了几乎所有受感染的鸡。该病毒株于1997在中国香港首次感染人类，当时它感染了18人，其中6人死亡。为了防止疫情扩散，当局下令宰杀数百万只鸡，这似乎是有道理的，因为疫情平息了一段时间。但在2003年，该病毒在中国香港、越南和泰国重新出现。它引发了一场大规模的禽流感大流行，影响了至少18个国家的家禽。到目前为止，它只攻击受感染禽类的处理者，暂时还未适应在人类之间的传播，但令人震惊的事实是，它已经杀死了一半以上的人类感染者。

为了弄清楚为何H5N1流感病毒是如此高效的杀手，科学家们转向了H1N1流感病毒株，它在1918年的流感大流行中杀死了大约2.5%的感染者。他们从一名死于大流行的美国军人以及一名阿拉斯加流感患者的死后肺部物质中巧妙地重建了这种病毒，阿拉斯加流感患者的尸体被埋藏在永久冻土中近100年而得以保存。在上面概述的经典场景中，禽流感病毒株在有效感染人类之前与人类病毒株交换基因，这种基因混合通常发生在家猪身上。研究1918年致命的H1N1流感病毒的科学家们仍然不知道它是从哪里来的，甚至有人推测它绕过中间宿主从禽类直接转移到人类身上。[15] 然后，科学家发现，与非大流行流感病毒株相比，它经历了10次突变，使其能够在人类细胞中感染并高效生长。他们在NS1基因中发现了一种特殊的突变，这种突变能够阻止受感染的细胞产生一种叫作干扰素的细胞因子，而干扰素是人体抵御病毒的第一道防线之一。所以，该病毒马上就领先了一步，在肺部迅速繁殖，产生的病毒数量比其未变异的近亲多出惊人的3.9万倍。[16] 人体对这种猖獗感染的反应是一种强烈而不适的炎症反应，被称为"细胞因子风暴"，不幸的受害者的肺泡充满血液和体液而几乎被病毒完全淹没。H5N1流感病毒已经获得了这种特殊的NS1突变[17] 和在H1N1大流行中发现的其他一些突变，这就是它如此致命的原因。它现在所需要的只是获得突变，以帮助它更容易地感染人类和在人类之间传播，所以它引起在人类中的大流行可能只是时间问题。[18]

如果不知道罪魁祸首病毒的确切基因构成，我们很难在将来的某个时间为可能的大流行做好准备。虽然抗病毒药物可以对抗目前正在传播的流感病毒株，但不能确定它们是否有助于控制新的病毒株。同样地，为预防今天的H5N1流感病毒而研制的疫苗可能无法抵御发生了变异的病毒变种。因此，我们正处于一种两难境地：一方面，等待发现未来大流行病毒株的确切分子构成以免当大流行到来时来不及做出反应；而另一方面，我们正在进行的提前准备可能最终被证明是徒劳或无效的。在这个阶段，我们必须在动物和人类中监测这种迅速进化的病原体；世界卫生组织在全世界拥有一个可以持续监测人类流感病毒株的实验室网络，以便每年生产合适的疫苗。通过与世界动物卫生组织和联合国合作，这些实验室的工作人员目前正在监测H5N1流感病毒株在禽类和人类中的进化和传播。

209

尽管是否发生了人类的H5N1流感大流行还不确定，但毫无疑问，我们正处于有史以来最严重的禽流感大流行之中。这种病毒最初在野生禽类的肠道中以无害的感染开始，并在20世纪90年代跳到了家养鸡身上，现代集约化养殖技术给了它适应和进化的机会。当一种变异病毒出现时，它可以感染鸡的所有器官并迅速将它杀死。现在这种强毒株不仅回到了野禽体内，而且还扩大了其宿主范围，包括其他禽类（乌鸦、鸽子、猎鹰、秃鹰），甚至一些哺乳动物（例如猫）。成千上万的野生禽类正死于这种感染，真正令人担心的是因栖息地丧失已经濒临灭绝的物种，特别是在它们的地理分布范围极其有限的情况下。

中国中北部（应为西北部——译者按）的青海湖位于多条鸟类迁徙通道的交汇处，每年都有斑头雁从印度飞过喜马拉雅山后顺道来休息。对于在2005年抵达这里的6 000只斑头雁来说，这次是它们最后的旅程。湖边的H5N1流感病毒导致这批斑头雁集体死亡，这使世界的斑头雁数量减少了十分之一。[19]

如果一种病毒迅速地杀死了它赖以传播的候鸟，那么它的传播就不会太远，大流行也会消失。但有证据表明，这种对鸡和其他禽类都是致命的病毒，已经进化成对鸭无害的病毒。一旦被感染，它们仍能保持健康，但病毒

210 会从粪便中排出并存活一两周，这个时间足够使其继续迁移并传播给其他易感禽类。从理论上讲，被无症状感染的鸭子可以把这种高毒力病毒传播到全球各地，但实际上，我们真的不知道未来会怎样；由于病毒很容易变异，任何情况都有可能发生。那么，我们应该怎么做才能阻止它对已经陷入困境的野生动物造成进一步的破坏？我们不可能杀死所有受感染的野生禽类或给易感禽类接种疫苗，但可以尝试通过接种疫苗来预防家禽的感染。这至少会限制病毒进化的机会，同时有望挽救许多贫困小农户的生计，或许还能阻止病毒进一步传播给人类。

在本章中，我们看到了微生物在21世纪的出现、进化和重新出现，以及现代技术如何进行干预以改善许多遭受苦难者的境况。但是，仍然有许多杀手微生物逍遥法外，对此我们还没有找到解决办法。微生物已经迅速利用了我们的全球社会，但不幸的是，我们还没有想出控制它们的全球解决方案。

结　论　共存共荣

微生物是地球上最早进化的生命形式，现在它们的数量比其他任何生
物体都多，它们栖息在每个可以想象的生态位上，包括其他物种的身体。相
对较晚来到这个星球的人类，是从不受传染性微生物侵扰的母体子宫的安全
环境中脱胎而出的，但在数小时之内，我们的身体就被成群结队的微生物占
领，所有这些微生物都想靠这个新的食物来源生活。从那以后，我们就再也
无法摆脱它们；它们围绕着我们，数以百万计地生活在我们的皮肤上和我们
的身体里。这些微生物中的绝大多数要么是我们生存所必需的，要么是完全
无害的。只有少数微生物以寄生虫的形式存在，以人体的组织为食，并由此
引发了疾病。

纵观人类的历史，病原微生物一直在利用我们的文化变迁，将每一场变
迁转变成对它自己有利的条件。所以在我们从狩猎采集者演变为现代城市
居民的过程中，微生物一直陪伴着我们。在每一个新的阶段，微生物都做好
了突袭准备，它们常常从其天然动物宿主身上转移到人类身上，然后与我们
一起进化，其目的通常是为了互惠互利。人类社会结构的日益复杂加剧了不
平等，直到贫富之间、有产者和无产者之间、弱势群体和受保护者群体之间
的鸿沟在我们的文化中变得根深蒂固。因此，在过度拥挤、不卫生的生活条
件的推动下，加上旅行者的传播，机会性微生物引发了毁灭性的流行病，而
直到最近我们才学会防控这些流行病。通过采取公共卫生措施抑制它们的传
播、注射疫苗阻止其进入人体，以及使用抗菌药物来杀死它们，全球死于传

染病的人数在20世纪初终于开始下降。

但是，尽管我们尽了一切努力，但微生物仍然是全世界的主要杀手。在2015年全球的5 640万例死亡中，下呼吸道疾病、腹泻病和结核病位居前10位，分别有320万、140万和140万例死亡。同年，死于HIV病毒/艾滋病的人数下降到110万。

通过主宰地球，人类侵入了微生物的空间并破坏了它们的自然循环，现在我们正在承受其后果。那么，我们如何才能在21世纪保护自己免受它们的毁灭性影响呢？

天花病毒的根除是人类与杀手微生物做斗争取得的重大胜利，挽救了数百万人的生命。现在麻疹和脊髓灰质炎病毒正在走向消亡，但对于大多数病原微生物来说，全球根除不是一个可实现的、甚至可欲的目标。同样地，发明一种可以防止多种细菌的超级药物，即所谓的"大猩猩青霉素"（gorillacillin），充其量只是一场白日梦。[1]即使它的生产是可行的，这种大锤式的方法也会不加区别地进行杀戮，在消灭坏的微生物的同时也会消灭好的微生物。作为独立生存的有机体，许多细菌构成了相互依赖的菌落的一部分，对它们的破坏会带给我们危险。例如，那些存在于人类肠道内的细菌通常有助于保持健康，但它们如果有机会侵入人体组织，则可能会引发危险的感染。短期口服抗生素足以杀死大多数易感细菌，扰乱它们的微环境，但这种清除常常会引起腹泻，有时还会使通常无害的白色念珠菌繁殖从而引起鹅口疮。

人类缓慢的进化速度无法与微生物的多样性和快速适应性相匹敌，因此我们必须接受它们会不断地超越我们的事实，至少在短期内是如此。实际上，人类已经花费了数百万年的时间来抑制微生物，我们的大部分抗生素都是从中提取的。但可以肯定的是，微生物将会找到抵抗我们掷向它们的任何新产品的方法。

人类对付微生物最好的防御手段是我们的大脑，它肯定能解决如何与已知的微生物和谐相处的问题，并找到与未来出现的微生物做斗争的非破坏性方式。幸运的是，基因组时代已经来临，人类对微生物的认识也在不断升级，这大大提高了我们对它们的理解和抵抗能力。看看SARS流行期间新的科学事实的出现速度：罪魁祸首冠状病毒在几周之内被分离出来，不到一个月的时间它的基因组序列就被绘制出来。几乎可以立即进行检测以诊断疑似病例、追踪接触者并确定可能的动物宿主。同样地，到2014至2016年西非埃博拉流行的后期，病毒基因组测序被用于追踪接触者和解开复杂的感染链。基因组革命是否有助于人类与微生物之间的和谐相处？

　　第一个被完全测序的致病性人类病毒是1984年的爱泼斯坦－巴尔病毒，随后是1995年的流感嗜血杆菌，这是被测序的第一个细菌基因组全序列。目前已知的细菌和病毒序列有数千种，其中包括相对庞大的疟原虫基因组序列。这提供了看似无限的信息资源，肯定可以用来改善全球的健康状况。正如我们在前几章中看到的那样，微生物的基因组序列本身就可以显示微生物的起源以及从其源头辐射出来的进化情况，并揭示其寄生生活方式的分子细节。借助于整个人类基因组序列中我们已经掌握的大约2.5万个基因，现在可以从分子水平上研究微生物与其人类宿主的相互作用方式。这种做法正在揭示人类对微生物的遗传易感性和耐药性的秘密，有助于确定药物靶标，并为研制一系列令人兴奋的新疫苗提供了可能性。

　　疫苗接种是第一种成功的免疫疗法，即利用免疫系统控制微生物的繁殖过程，所有人都认为这仍然是未来的最佳途径。事实上，已经有明确的证据表明，疫苗可以抑制抗生素耐药性的增长趋势。正如我们在第八章中看到的那样，在过去的20年间，美国抗生素耐药性肺炎链球菌的发病率从5％上升到35％。但是当2000年推出肺炎链球菌疫苗时，由于减少了对抗生素的需求，从而消除了耐药微生物的选择压力，耐药率也随之下降。

　　传统的疫苗是用灭活或减毒的病原微生物制成的，这些微生物可以诱导免疫而不致病。但是，正如我们在对HIV病毒的讨论中所看到的那样，这种方法并非一直有效，尤其是当身体的免疫系统受到感染或疾病的抑制时。因此，科学家们现在正在设计新的和先进的免疫疗法，即对感染进行安全、

214

无创、"天然"的治疗。抗体是人体抵御入侵微生物尤其是细菌的关键组成部分。现在，我们可以在实验室制造针对单个微生物的设计抗体（designer antibodies），用来中和入侵的微生物。同样地，我们正在从健康人身上获取对抗病毒的主要防御手段——杀伤性T细胞，以用于治疗免疫力低下人群（例如移植受者和癌症患者）的感染。希望免疫疗法在将来得到广泛的应用，以补充传统的抗感染方法。

我们已经看到，抗生素抗性基因和新兴微生物（诸如HIV病毒和SARS病毒）以惊人的速度在世界各地飞来飞去，由于我们目前的国际人口流动倾向，其他微生物肯定会紧随其后。新的微生物将来无论在哪里出现，都不能仅仅被视为一个地区性问题。2002年，广东省暴发SARS疫情时，在中国政府决心遏制该病毒之前它就已经在全球范围内传播开来。当全世界的医务人员都还在为这种前所未知的疾病苦苦挣扎时，中国医生已经有了成功的控制方案，从而挽救了许多生命。但这并非个例。2002年，当一对来自新墨西哥州的中年夫妇带着腺鼠疫（很可能来自潜伏在他们家后院的一只林鼠）出现在纽约时，只是等到受害者康复之后，外界才听说了这一消息。或许可以理解的是，各国政府都希望避免伴随流行病谣言而来的不可避免的经济崩溃，但在我们全球化的世界里，这是不可接受的。只有全球合作才能防止迫在眉睫的大流行灾难。微生物对国家一无所知，也不尊重它们的边界。正如美国国家过敏症和传染病研究所所长安东尼·福奇在谈到我们抗击艾滋病的斗争时所说的那样，"历史将会把我们评判为一个全球共同体"（history will judge us as a global community）。毕竟，这正是人类一直被其致命的伴侣所看待的方式。

术语表

急性热（ague）：对疟疾的旧称，源自拉丁语"急性发烧"（*febris acuta*）。

藻华（algal bloom）：湖泊、河流或沿海水域中的蓝细菌迅速增加，通常由农田径流中的营养物质等污染物引起。

按蚊（*Anopheles* mosquito）：包括冈比亚按蚊在内的蚊子属，是非洲疟疾的主要媒介。

炭疽病（anthrax）：由形成芽孢的炭疽杆菌引起的人畜共患病；包括通过接种感染引起的皮肤炭疽和通过吸入感染引起的呼吸道炭疽，后者也被称为羊毛工病。

抗生素（antibiotic）：一种由微生物体产生的化学物质，可以抑制或杀死易感微生物。

抗体（antibody）：一种应答外来抗原而产生的蛋白质，可以灭活某些传染源。

抗原漂移（antigenic drift）：通过点突变的累积，流感病毒的基因密码随时间而改变。

抗原转换（antigenic shift）：通过基因重组来改变流感病毒的基因构成。

太古代（Archean era）：前寒武纪初期，以缺乏生命为特征。

无毒力（avirulent）：无致病作用。

细菌病毒/噬菌体（bacteriophage/phage）：感染细菌的病毒；裂解性噬菌体引起细菌细胞的致命感染。

细菌（bacterium）：具有简单的原核生物结构的单细胞生物。

卡介苗（BCG）：结核分枝杆菌减毒疫苗株。

非性病性梅毒（bejel）：一种在非洲、西亚和澳大利亚流行的非性病梅毒样疾病。

二分裂（binary fission）：一个细胞分裂为大小相近的两个子细胞的过程。

生物多样性（biodiversity）：动物、植物等生物有机体的多样性。

黑死病（Black Death）：1346 至 1353 年间影响欧洲、亚洲和北非的流行病，据称由鼠疫耶尔森氏菌引起。

葡萄孢属病菌（*Botrytis infestans*）：马铃薯致病疫霉菌的原始名称，是引起马铃薯枯萎病的霉菌。

肉毒杆菌中毒（botulism）：由孢子形成的肉毒梭菌，其产生的神经毒素能引起严重的食物中毒。

布-秦二氏病（Brill-Zinsser disease）：复发性斑疹伤寒。

步巴斯病（bubas）：一种非性病梅毒样疾病。

腺鼠疫（bubonic plague）：由鼠疫耶尔森氏菌引起的传染性疾病。

淋巴结炎（bubos）：淋巴腺肿胀，但通常并非仅在鼠疫中发现。

小麦黑穗病（bunt）：一种由网腥黑穗病菌引起的小麦病害。

骆驼痘病毒（camelpox virus）：一种骆驼的痘病毒，可引起痘状皮损的严重疾病，致死率高达25%。

白色念珠菌（*Candida albicans*）：一种属于正常人体菌群的酵母，但会引起鹅口疮等皮肤表面感染。

犬瘟热病毒（canine distemper virus）：一种在狗和某些大型猫科动物中引起瘟热的麻疹病毒。

水痘（chickenpox）：由水痘带状疱疹病毒引起的以皮疹为特征的急性感染。

几丁质（chitinous）：角质覆盖物，形成节肢动物和其他生物的外骨骼。

衣原体感染（chlamydia）：由沙眼衣原体引起的一种性传播疾病（也可引起眼部和肺部感染）。

下疳（chancre）：由梅毒螺旋体引起的原发性梅毒生殖器溃疡。

叶绿体（chloroplast）：植物细胞中负责光合作用的叶绿素结构。

染色体（chromosome）：在细胞核中发现的DNA和蛋白质的线状结构，它携带着基因。

金鸡纳（发烧）树（cinchona/fever tree）：南美树种，树皮从很早以前就被用来治疗疟疾。

共同进化（co-evolution）：两个物种的连锁进化，它们之间通常互惠互利。

唇疱疹（cold sore）：由单纯疱疹病毒引起的皮肤病变，通常在嘴唇周围的脸上。

转租地（conacher）：在爱尔兰实行的租用小片土地用于种植农作物或放牧的方式。

肺痨（consumption）：肺结核。

粪化石（coprolite）：粪便的化石。

冠状病毒（coronavirus）：包括SARS病毒和其他呼吸道病毒在内的病毒家族；来自拉丁语中的冠冕（corona），意思是"王冠"，指该病毒的冠状结构。

白喉棒状杆菌（*Corynebacterium diphtheriae*）：引起白喉的棒状细菌（来自希腊语，意思是"棍棒状"）。

牛痘（cowpox）：可感染多种家养动物、动物园动物和野生动物的痘病毒；它会引起母牛乳房的病变，并可以传播给人类。

克罗马侬人（Cro-Magnon man）：旧石器时代晚期的人类，以法国多尔多涅省的一座小山命名，他们的残骸于 1868 年在那里被发现。

群体性疾病（crowd diseases）：由病原微生物引起的急性传染病，需要最低数量的易感人群进行密切接触以维持其感染链。

卷曲（curl）：一种由畸形外囊菌引起的植物病，表现为叶子卷曲。

蓝细菌（cyanobacteria）：能够进行光合作用的自生细菌（从前被称为蓝绿藻）。

细胞因子（cytokines）：免疫细胞产生的可溶性因子，可调节免疫应答。

细胞因子风暴（cytokine storm）：免疫系统过度刺激引发炎症细胞因子的大量释放。

达尔文进化论（Darwinian evolution）：自然选择驱动的遗传变化。

硅藻（diatome）：浮游生物中含硅质细胞的单细胞微藻。

白喉病（diphtheria）：白喉棒状杆菌引起的急性传染病。

脱氧核糖核酸（DNA）：一种在几乎所有生物中携带遗传基因信息的自我复制分子。

DOTS 治疗方案（DOTS）：短程直接观察疗法，世界卫生组织倡导的一种结核病治疗方案。

达菲血型（Duffy blood group）：一种作为间日疟原虫受体的红细胞表面蛋白。

痢疾（dysentery）：带血液和黏液的严重腹泻，可能是由大肠的变形虫或细菌感染引起。

埃博拉病毒（Ebola virus）：一种丝状病毒（来自拉丁语 *filum*，意思是"丝"，指病毒的丝状结构）感染导致的急性出血热；以扎伊尔（Zaire）亚布库附近的埃博拉河（Ebola River）命名，该疾病在那里首次暴发。

生态系统（ecosystem）：相互作用的有机体之间构成的自我维持系统。

象皮病（elephantiasis）：由蚊子传播的班氏吴策线虫（Wuchereria bancrofti）引起的腿部肿胀，能阻碍下肢的淋巴引流。

地方病（endemic）：在某些特定地区内相对稳定并经常发生的疾病。

英国多汗症（English sweats）：16 世纪的一种原因不明的流行病。

引痘或嫁接（engrafting or ingrafting）：通过接种天花"痂"以诱导免疫力。

流行病（epidemic）：短时间内某种疾病发生了广泛的社区或地区传播。

流行病学（epidemiology）：对流行病发病率和分布的研究。

爱泼斯坦－巴尔病毒（Epstein-Barr virus）：一种引起传染性单核细胞增多症（腺热）的病毒，与多种人类肿瘤有关（该病毒以发现它的科学家安东尼·爱泼斯坦和伊冯·巴尔的名字命名）。

红色疗法（erythrotherapy）：12 世纪至 20 世纪初用于天花的红色疗法。

真核生物（eukaryote）：真核生物界的成员，包括除细菌和古细菌以外的所有生物。

极端微生物（extremophile）：存在于极端物理条件下的细菌，例如生活在极端压力下的细菌（嗜压菌）、高温细菌（嗜热菌）、盐度细菌（嗜盐菌）、低温细菌（嗜冷菌）。

新月沃地（Fertile Crescent）：幼发拉底河和底格里斯河之间的地理区域，即今天伊朗和伊拉克的所在地，这一地区最早出现农业。

丝虫（filarial worm）：参见象皮病。

鞭毛（flagellum）：作为运动器官的丝状附属物。

流感/流行性感冒（flu/influenza）：由流感病毒引起的急性感染，它是一种具有分段RNA基因组的正黏病毒。

220 吸虫（flukes）：中间宿主为淡水螺类的吸虫，包括血吸虫病的病原体。

瘢痕瘤性须疮（framboesia）：一种雅司病早期感染的树莓样病变。

气性坏疽（gas gangrene）：由梭菌通常是产气荚膜梭菌引起的伤口感染，产生气体和造成组织死亡。

基因（gene）：染色体的一部分，通常是可以编码特定蛋白质的DNA。

生殖器疱疹（genital herpes）：持续性单纯疱疹病毒感染，引起复发性生殖器病变。

基因组（genome）：生物体的遗传物质。

沙鼠痘（gerbilpox）：一种沙鼠的痘病毒。

淋病（gonorrhoea）：由淋病奈瑟氏球菌引起的一种性传播疾病。

梅毒瘤（gumma）：梅毒螺旋体引起的晚期梅毒的破坏性炎性病变。

血凝素（haemaglutinin）：一种流感病毒表面蛋白，可作为病毒受体并诱导免疫应答。

血红蛋白（haemoglobin）：脊椎动物红细胞中的红色携氧蛋白。

流感嗜血杆菌（*haemophilus influenzae*）：一种可引起脑膜炎、肺炎、化脓性关节炎、支气管炎和中耳炎的细菌。

茎叶（haulm）：茎或梗。

乙型肝炎病毒（hepatitis B）：一种肝炎病毒，是慢性肝病和肝癌的主要病因。

疱疹病毒（herpesvirus）：一个包括单纯疱疹和水痘带状疱疹病毒在内的病毒家族。

杂合子（heterozygous）：有两个不同基因拷贝的基因型个体。

HIV病毒（HIV）：人类免疫缺陷病毒，一种逆转录病毒。

直立人（*Homo erectus*）：距今约170万年前的人类物种。

智人（*Homo sapiens*）：可追溯至15万至20万年前的现代人。

原始人（hominids）：人属的成员。

纯合子（homozygous）：有两个相同基因拷贝的基因型个体。

钩虫（hookworms）：线虫寄生蠕虫、十二指肠钩虫和美洲钩虫，引起肠道感染，常见于热带和亚热带地区。

菌丝（hyphae）：霉菌的分支细丝。

冰河时代（Ice Ages）：世界气温长期低迷的时期。上一个冰河时代大约在 2 万年前开始消　221
　　退，大约在 1 万年前结束；小冰期是欧洲的寒冷期，大约从 13 世纪持续至 17 世纪。

潜伏期（incubation period）：从感染到出现临床症状的间隔时间。

流行性感冒（influenza）：参见流感。

疫苗接种（inoculation）：最初的含义是用小剂量天花病毒进行感染以在没有严重病情的情
　　况下诱导免疫力，但现在该术语被更广泛地用于指称传染性物质的注射。

干扰素（interferons）：一个细胞因子家族，其中一些具有抗病毒特性。

"爱尔兰苹果"牌（Irish Apple）：一种便于储存的马铃薯品种。

虱子/虱毛目（louse/*phthiraptera*）：无翅昆虫，吸血的人类寄生虫。

"码头工人"牌（Lumper）：一种高产的马铃薯品种。

淋巴腺（lymph glands）：由淋巴细胞和其他免疫细胞组成的组织。

淋巴细胞（lymphocytes）：在血液和淋巴腺中发现的免疫系统细胞；B淋巴细胞产生抗体；
　　T淋巴细胞能杀死病毒感染的细胞。

溶菌酶（lysozyme）：一种由身体细胞产生的弱抗菌物质，存在于泪液等分泌物中。

巨噬细胞（macrophage）：在组织中发现的一种免疫细胞，可吞噬并破坏外来物质和死亡
　　物质；它产生细胞因子，以启动免疫应答。

疟疾（malaria）：一种由原生动物疟原虫感染引起并由蚊子传播的疾病。

脑膜炎（meningitis）：脑部周围膜（脑膜）的感染。

中石器时代（mesolithic）：石器时代中期，大约从公元前 1 万年持续到农耕时代开始。

美索不达米亚（Mesopotamia）：幼发拉底河和底格里斯河之间的区域，绝大部分在今天的
　　伊拉克和伊朗。

麻疹（measles）：麻疹病毒引起的一种急性传染病；德国麻疹（风疹）由一种披膜病毒即
　　风疹病毒引起。

瘴气（miasma）：希腊语对"污染""脏空气"或"有害气体"的称呼。

线粒体（mitochondria）：在大多数动物细胞中发现的负责呼吸和能量生产的细胞器。

分子钟（molecular clock）：一种对两个物种基因组之间分子差异的测量手段，用于评估它　222
　　们之间的进化距离。

分子遗传探针（molecular genetic probes）：可以标记DNA或RNA的片段，与互补序列特
　　异结合并检测互补序列。

猴痘（monkeypox）：一种由非洲啮齿动物携带的痘病毒，可感染人类。

麻疹病毒（morbillivirus）：一种包含麻疹、犬瘟热和牛瘟病毒的毒属。

最近的共同祖先（most recent common ancestor）：从某种群个体中派生出的最新个体。

MRSA病毒（MRSA）：耐甲氧西林金黄色葡萄球菌。

腮腺炎（mumps）：由腮腺炎病毒（一种副黏病毒）引起的以腮腺肿胀为特征的急性感染。

麻风分枝杆菌（*Mycobacterium leprae*）：引起麻风的细菌。

结核分枝杆菌（*Mycobacterium tuberculosis*）：引起结核的细菌。

那加那病（nagana）：由布氏锥虫引起的牛的消瘦病。

自然选择（natural selection）：适者生存，导致其遗传特性的传播。

黑人嗜睡症（negro lethargy）：锥虫病的早期称谓。

神经氨酸酶（neuraminidase）：一种诱导免疫应答的流感病毒表面蛋白。

旧石器时代（Palaeolithic）：石器时代的早期，始于大约公元前 3.5 万年第一批工具的发明，直到大约 1 万年前上一个冰河时代的结束。

大流行（pandemic）：一种疾病暴发并蔓延到一个以上的国家。

西非黑猩猩（*pan troglodytes troglodytes*）：黑猩猩的一个亚种，HIV1 型病毒可能从其传播给人类。

寄生虫（parasite）：生活在另一种生物（即宿主）体内或附着于其体外以从中受益的生物。

病原体（pathogen）：一种引起疾病的生物体。

青霉菌（*Penicillium notatum*）：产生青霉素的真菌。

马铃薯致病疫霉菌（*Phytophthora infestans*）：马铃薯枯萎病霉菌。

品他病（pinta）：由品他密螺旋体引起的毁容性皮肤感染。

鼠疫疫源地（plague focus）：鼠疫杆菌在野生啮齿动物中传播的区域。

223 质粒（plasmid）：携带遗传信息的环状染色体外 DNA 分子。

疟原虫（plasmodium）：一种引起疟疾的原生动物，包括四种人类寄生虫：恶性疟原虫、间日疟原虫、卵形疟原虫、三日疟原虫，以及非人灵长类寄生虫（例如雷氏疟原虫和食蟹猴疟原虫）。

肺炎球菌/肺炎链球菌（pneumococcus/*Streptococcus pneumoniae*）：一种通常无害地栖息在鼻腔和喉咙中的细菌，但也能引起耳朵、鼻窦和肺部感染，以及关节炎、腹膜炎、心内膜炎和脑膜炎。

肺鼠疫（pneumonic plague）：由鼠疫杆菌引起的致命肺部感染，并在人与人之间直接传播。

痘疱（pocks）：由重型天花引起的天花皮肤损伤。

小儿麻痹症/脊髓灰质炎（polio/*poliomyelitis*）：一种由脊髓灰质炎病毒引起的偶尔弛缓性麻痹（感染通常无症状或引起短暂性脑膜炎）。

多形核白细胞/中性粒细胞（polymorph/polymorphonuclear leucocytes）：胞浆中有分裂的细胞核和颗粒的循环免疫细胞，含有抗菌物质。

种群瓶颈（population bottleneck）：在一个时间点上，某个特定生物体的种群很小，可能只有一个个体，但所有较新的形态都是从中出现的。

尸检（post-mortem examination）：死后对尸体进行解剖检查。

原核生物（prokaryote）：所有的细菌都是原核生物，它们拥有比真核生物更简单的（原核）细胞组织形式。

原生动物（protozoa）：非光合、单细胞的微生物；它们大多数是独立生存的，但也有一些是寄生的，例如疟疾微生物。

青蒿素/蒿属（Qinghao/artemisia）：青蒿是一种带甜味的艾草，青蒿素是提炼自青蒿的一种古老的中草药，具有抗疟疾的活性。

隔离检疫（quarantine）：与传染病患者接触后的隔离措施，通常为期40天。

R值（R）：传染病的病例繁殖数，即传染病流行期间从单个病例衍生的新病例的平均数。

R_0 值（R_0）：传染病的基本繁殖数，即易感人群中由单个病例衍生的平均新发病例数。

狂犬病病毒（rabies virus）：一种棒状病毒（来自希腊语rod，意思是"棒"），丽沙病毒属（Lyssa在希腊语中意为"疯狂"）。

褐鼠（*Rattus rattus*）：黑鼠，鼠疫杆菌的中间宿主，是腺鼠疫的病因。

受体（receptor）：微生物或化学物质附着到细胞上的对接分子。

224

立克次体（*Rickettsia*）：由节肢动物媒介传播的细胞内寄生细菌；普氏伤寒立克次体是人类斑疹伤寒的病因；鼠斑疹伤寒立克次体引起鼠伤寒。

寒战（rigor）：发烧引起的颤抖发作。

牛瘟病毒（rinderpest virus）：引起牛瘟的麻疹病毒属副黏病毒，是一种死亡率很高的牛的急性感染。

核糖核酸（RNA）：一种构成某些病毒基因组的核酸；在细胞中，信使RNA从DNA转录，然后翻译为蛋白质。

轮状病毒（rotavirus）：轮状RNA病毒（*rota*在拉丁语中意为"车轮"），它会引起呕吐和腹泻的流行，尤其是在幼儿中间。

蛔虫（roundworm）：在肠道中发现的线虫（例如普通蛔虫、似蚓蛔线虫）或组织（例如旋毛虫）。

锈病（rust）：由锈菌目引起的一种植物病，有锈色斑点。

沙门氏菌（Salmonella）：肠道沙门氏菌属的肠杆菌，生活在动物的肠道内，可引起食物中毒的暴发；伤寒沙门氏菌是伤寒的病因。

腐生植物（saprophyte）：生活在死亡或腐烂的有机物质上的植物或微生物。

非典型肺炎（SARS）：严重急性呼吸道综合征。

痂（scab）：由链霉菌引起的一种马铃薯块茎病害。

猩红热（scarlet fever）：一种急性传染病，其特征是由化脓性链球菌致热外毒素引起的咽炎和皮疹。

裂体吸虫（schistosome）：一种引起血吸虫病的吸虫；血吸虫通常分为雄虫和雌虫两种形式，这个名字来源于希腊语的 *schostos* 和 *soma*，意思是"分裂的身体"，表示雄虫的抱雌沟合抱雌虫。

淋巴结核（scrofula）：腺性结核。

败血病（septicaemia）：血液中的细菌引起的严重疾病。

性菌毛（sex pilus）：从一种细菌中生长并附着在另一种细菌上的管状结构，它启动了交合过程。

带状疱疹（shingles）：由疱疹病毒水痘带状疱疹引起的局限于一个皮节的水疱疹。

225　镰状细胞性贫血（sickle-cell anaemia）：一种由血红蛋白基因突变产生镰刀状的红细胞所引起的遗传性疾病，这些红细胞被迅速破坏而导致贫血；携带这种异常基因的人能抵御严重的疟疾。

昏睡病（sleeping sickness）：参见锥虫病。

天花（smallpox）：一种特征为皮肤起痘的严重急性传染病，它由重型天花痘病毒引起。

马铃薯（*Solanum tuberosum*）：土豆作物。

葡萄球菌（*Staphylococcus*）：一种以其圆形（希腊语 *kokkos*，意思是"颗粒"或"浆果"）及其成簇习性（希腊语 *staphyl*，意思是"葡萄串"）命名的细菌属，金黄色葡萄球菌（以其在琼脂上生长时产生的金色菌落命名）是该菌属中的主要病原体。

肺炎链球菌（*Streptococcus pneumoniae*）：参见肺炎球菌。

叠层石（stromatolites）：由相互依赖的细菌菌落组成的珊瑚状结构，也称微生物毯。

超级传播者（superspreader）：将病原微生物传播到超过易感宿主平均数量的个体。

共生（symbiosis）：生活在紧密联系中的两个不同生物体之间有利的相互作用。

梅毒（syphilis）：一种由苍白密螺旋体引起的慢性侵袭性疾病，通常通过性传播或先天性感染获得。

绦虫（tapeworm）：通过食用未煮熟的被污染肉类而获得的绦虫，在人与中间宿主之间交替；无钩绦虫、牛带绦虫和猪带绦虫是人类最常见的感染。

破伤风（tetanus）：一种表现为肌肉痉挛和僵硬（也称"牙关紧闭症"）的典型的致命疾病，由破伤风梭状芽孢杆菌细菌引起。

地中海贫血症（thalassaemia）：一种由导致贫血的血红蛋白分子基因突变引起的疾病，携带者能免受严重疟疾的侵袭。

鹅口疮（thrush）：一种酵母菌白色念珠菌的表面感染，可影响口腔、肠道、阴道或皮肤，引起白色斑块。

产毒素（toxogenic）：含有毒素基因。

苍白密螺旋体（*Treponema pallidum*）：参见梅毒。

旋毛虫（*Trichinella*）：参见蛔虫。

226

锥虫体（trypanosome）：原生动物的一种，包括锥虫病的病原体。

锥虫病/昏睡病（trypanosomiasis/sleeping sickness）：由布氏锥虫冈比亚亚种和布氏锥虫罗
　　德西亚亚种引起的一种致命的非洲寄生虫病，两者均由采采蝇传播。

伤寒（typhoid）：参见沙门氏菌。

斑疹伤寒（typhus）：一种严重的急性传染病，特征为由虱子传播的普氏立克次体引起的
　　皮疹和精神状态恶化。

疫苗接种（vaccination）：该术语最初用于针对天花（带有牛痘病毒）的免疫接种，但现
　　在被更广泛地用来指一般的免疫接种。

疫苗（vaccine）：病原微生物的减毒、灭活或亚单位制剂，用于诱导免疫应答。

水痘带状疱疹病毒（*varicella-zoster* virus）：引起水痘和带状疱疹的疱疹病毒。

重型天花病毒（*Variola major* virus）：引起天花的痘病毒；轻型天花（或乳白痘）是一种
　　与之密切相关的病毒，可引起较轻的疾病。

霍乱弧菌（*Vibrio cholera*）：引起霍乱的细菌。

毒力（Virulence）：微生物的致病程度，由其入侵、破坏组织和杀死宿主的能力来表示。

西尼罗热病毒（West Nile fever virus）：一种引起西尼罗热的黄病毒（来自拉丁语*flavus*，
　　意思是"黄色"，指第一个被分离的黄热病病毒）；西尼罗热通常是一种轻度疾病，但
　　这种病毒也会引起脑炎。

百日咳（whooping cough/*Pertussis*）：由百日咳杆菌引起的一种儿童急性感染（per-tussis
　　意思是"严重的咳嗽"），其特征是剧烈的咳嗽。

印鼠客蚤（*Xenopsylla cheopis*）：鼠蚤。

雅司病（yaws）：一种在热带和亚热带某些农村人口中流行的慢性皮肤病，由细弱密螺旋
　　体引起。

黄热病病毒（yellow fever virus）：在非洲和南美洲发现的一种黄病毒属（来源见西尼罗热
　　病毒），它储存在猴子体内，由蚊子传播，并引起人类的黄热病。

鼠疫耶尔森氏菌（*Yersinia pestis*）：由蚤类传播，主要感染啮齿动物，可引发人类瘟疫；

227

　　它由假结核耶尔森氏菌进化而来，后者是老鼠和其他哺乳动物的肠道病原体，也可感染
　　人类。

人畜共患病（zoonosis）：一种天然的动物病原体，例如狂犬病，有时会感染人类。

注 释

导 论

[1] 1. Yu, I. T. S., Li, Y., Wong, T. W. et al., Evidence of airborne transmission of the severe acute   228
respiratory syndrome virus. *New Engl J Med* 350: 1731−1739. 2004

[2] Poutanen, S. M., Low, D. E., Bonnie, H. et al., Identification of severe acute respiratory syndrome
in Canada. *New Engl J Med* 348: 1995−2005. 2003

[3] Reilley, B., Van Herp, M., Sermand, D., Dentico, N., SARS and Carlo Urbani. *New Engl J of Med*
348: 1951−1952. 2003

[4] Guan, Y., Zheng, B. J., He, Y. Q. et al., Isolation and characterization of viruses related to the SARS
coronavirus from animals in Southern China. *Science* 302: 276−278. 2003

[5] Yu, D., Li, H., Xu, R. et al., Prevalence of IgG antibody to SARS-associated coronavirus in animal
traders—Guangdong Province, China, 2003. *Morb mort wkly* 52: 986−987. 2003

第一章   一切是怎样开始的

[1] Curtis, T. P. and Sloan, W. T., Exploring microbial diversity—a vast below. *Science* 309: 1331−
1333. 2005

[2] Suttle, C. A., Viruses in the sea. *Nature* 437: 356−361. 2005

[3] Postgate, J., in *Microbes and Man*, p. 13. Pelican: 1976

[4] Krarhenbuhl, J.-P. and Corbett, M., Keeping the gut microflora at bay. *Science* 303: 1624−1625. 2004   229

[5] Taylor, L. H., Latham, S. M., Woolhouse, M. E., Risk factors for human disease emergence. *Phil.
Trans. R. Soc. Lond.* B 356: 983−989. 2001

[6] Petersen, L. R. and Hayes, E. B., Westward ho?—the spread of West Nile virus. *New Engl J Med*
351: 2257−2259. 2004

第二章   我们的微生物遗传

[1] Cohen, M. N., in. *Health and the Rise of Civilisation*, p. 139. Yale University Press: 1989

[2]　Black, F. L., Infectious diseases in primitive societies. *Science* 187: 515−518. 1975

[3]　Snowden, F. M., in *The Conquest of Malaria Italy, 1900−1962*, p. 93. Yale University Press: 2006

[4]　Ross, R., On some peculiar pigmented cells found in two mosquitos fed on malarial blood. *Brit Med J* (Dec. 18): 1786−1788. 1897

[5]　Greenwood, B. and Mutabingwa, T., Malaria in 2002. *Nature* 415: 670−672. 2002

[6]　Carter, R. and Mendis, K. N., Evolutionary and historical aspects of the burden of malaria. *Clin Microbiol Reviews* 15: 564−594. 2002

[7]　Loy, D. E., Liu, W., Li, Y. et al., Out of Africa: origins and evolution of the human malaria parasites Plasmodium falciparum and Plasmodium vivax. *Int J Parasitol*. 47, 87−97. 2017

[8]　Rich, S. M., Licht, M. C., Hudson, R. R., Ayala, F. J., Malaria's Eve: evidence of a recent population bottleneck throughout the world populations of Plasmodium falciparum. *Proc Natl Acad Sci* 95: 4425−4430. 1998

[9]　Liu, W., Li, Y., Shaw, K. S. et al., African origin of the malaria parasite Plasmodium vivax. *Nature Communications* 5, 3346. 2014

[10]　See n.6 above

[11]　Cox, F. E. G., History of sleeping sickness (African trypanosomiasis). *Infect Dis Clin N Am* 18: 231−245. 2004

[12]　Welburn, S. C., Fevre, E. M., Coleman, P. G. et al., Sleeping sickness: a tale of two diseases. *Trends in Parasitology* 17: 19. 2001

230　[13]　Cohen, M. N., in *Health and the Rise of Civilisation*, p. 127−128. Yale University Press: 1989

第三章　微生物的物种转移

[1]　McNeill, W. H., in *Plagues and Peoples*, p. 54

[2]　Diamond, J., in *Guns, Germs and Steel*, pp. 93−103. Vintage: 1998

[3]　Cohen, M. N., in *Health and the Rise of Civilisation*, pp. 116−122. Yale University Press: 1989

[4]　Cox, F. E. G., History of human parasitic diseases. *Infect Dis Clin N AM* 18: 171−188. 2004

[5]　Sanderson, A. T. and Tapp, E., Diseases in ancient Egypt, in *Mummies, Diseases and Ancient Cultures*, pp. 38−58, eds A. Cockburn, E. Cockburn, T. A. Reyman, 2nd edn. Cambridge University Press: 1998

[6]　Sharp, P. M., Origins of human virus diversity. *Cell* 108: 305−312. 2002

[7]　Black, F. L., Measles endemicity in insular populations: critical community size and its evolutionary implication. *J Theoret Biol* 11: 207−211. 1966

[8]　Exod. 9: 10

[9]　1 Sam. 5: 1−21

[10]　Brier, B., Infectious diseases in ancient Egypt. *Infect Dis Clinic N Am* 18: 17−27. 2004

[11]　Massa, E. R., Cerutti, N., Savoia, A. M., Malaria in ancient Egypt: paleoimmunological investigation on predynastic mummified remains. *Chungara (Arica)* 32: 7−9. 2000

[12]　See n.10 above

[13]　Mahmoud, A. A. F., Schistosomiasis (bilharziasis): from antiquity to the present. *Infect Dis Clinic N Am* 18: 207−218. 2004

[14]　Ibid.

［15］Brant, S. V. and Loker, E. S., Can specialized pathogens colonize distantly related hosts? Schistosome evolution as a case study. *PLOS Pathogens* 1: 167-169. 2005

［16］Cunha, B. A., The cause of the plague of Athens: plague, typhoid, smallpox, or measles? *Infect Dis Clinic N Am* 18: 29-43. 2004

［17］Ibid.

［18］Zinsser, H., in Rats, *Lice and History*, p. 121. Blue Ribbon Books, Inc.: 1934

［19］Cunha, B. A., The death of Alexander the Great: malaria or typhoid fever? *Infect Dis Clinic N Am* 18: 53-63. 2004

［20］Fears, J. F., The plague under Marcus Aurelius and the decline and fall of the Roman Empire. *Infect Dis Clinic N Am* 18: 65-77. 2004

［21］Ibid.

［22］Zinsser, H., in *Rats, Lice and History*, pp. 146-147. Blue Ribbon Books, Inc.: 1934

231

第四章 拥挤、污秽和贫穷

［1］Mc Neill, W. H., in *Plagues and Peoples*, p. 80. Anchor Books: 1976

［2］Scott, S. and Duncan, C., in *Return of the Black Death*, pp. 14-15. Wiley: 2004

［3］Benedictow, O. J., in *The Black Death 1346-1353*, p. 142. BCA: 2004

［4］Scott, S. and Duncan, C., in *Return of the Black Death*, p. 49. Wiley: 2004

［5］Ziegler, P., in *The Black Death*, pp. 116-117. Penguin Books: 1969

［6］Ziegler, P., in *The Black Death*, p. 67. Penguin Books: 1969

［7］Pepys, S., in *The Diary of Samuel Pepys: A Selection*, p. 1665, ed. R. Latham. Penguin Books: 1985

［8］Kitasato, S., The bacillus of bubonic plague. *The Lancet* (25 August): 428-430. 1894

［9］Yersin, A., La peste bubonique a Hong Kong. *Ann Inst Pasteur* 8: 662-667. 1894

［10］Hinnebusch, B. J., The evolution of flea-borne transmission in *Yersinia pestis*. *Curr Issues Mol Biol* 7: 197-212. 2005

［11］Duncan, C. J. and Scott, S., What caused the Black Death? *Postgrad Med J* 81: 315-320. 2005

［12］Orent, W., in *Plague*, p. 123. Free Press: 2004

［13］Scott, S. and Duncan, C., in *Return of the Black Death*, p. 195. Wiley: 2004

［14］Benedictow, O. J., in *The Black Death 1346-53*, p. 22. BCA: 2004

［15］Scott, S. and Duncan, C., in *Return of the Black Death*, p. 225. Wiley: 2004

［16］Haensch, S., Bianucci, R., Signoli, M. et al., Distinct clones of *Yersinia pestis* caused the Black Death. *PLoS Pathogens* 6, e1001134. 2010

［17］Bradbury, J., Ancient footsteps in our genes: evolution and human disease. *The Lancet* 363: 952-953. 2004

［18］Benedictow, O. J., in *The Black Death 1346-53*, p. 16. BCA: 2004

［19］Ibid., pp. 387-394

［20］Gubser, C., Hue, S., Kellam, P., Smith, G. L., Poxvirus genomes: a phylogenetic analysis. *J Gen Virol* 85: 105-117. 2004

［21］Hopkins, D. R., in *Princes and Peasants*, pp. 14-15. University of Chicago Press: 1983

［22］See Ch. 3, n. 5.

［23］Hopkins, D. R., in *Princes and Peasants*, p. 24. University of Chicago Press: 1983

232

第五章 微生物走向全球

[1] McNeill, W. H., in *Plagues and Peoples*, p. 214. Anchor Books: 1976

[2] Crosby, A. W., in *The Columbian Exchange*, p. 36. Greenwood Press: 1972

[3] Ibid., p. 56

[4] Diamond, J., in *Guns, Germs and Steel*, pp. 70−71. Vintage: 1998

[5] Crosby, A. W., in *The Colombian Exchange*, p. 51. Greenwood Press: 1972

[6] Dickerson, J. L., in *Yellow Fever*, pp. 13−32. Prometheus Books: 2006

[7] Ibid., pp. 141−186

[8] Hyden, D., in *Pox: Genius, Madness and the Mysteries of Syphilis*, p. 13. Basic Books: 2003

[9] Pusy, W. A., in *The History and Epidemiology of Syphilis*, p. 8. C. C. Thomas: 1933

[10] Hyden, D., in *Pox: Genius, Madness and the Mysteries of Syphilis*, p. 22. Basic Books: 2003

[11] Tramont, E. C., The impact of syphilis on humankind. *Infect Dis Clin N Am* 18:101−110. 2004

[12] Hyden, D., in *Pox: Genius, Madness and the Mysteries of Syphilis*, p. 12. Basic Books: 2003

[13] 13. Von Hunnius, T. E., Roberts, C. A., Boylston, A., Saunders, S. R., Historical identification of syphilis in Pre-Columbian England. *Am J Phys Anthropol* 129: 559−566. 2006

[14] Rothschild, B. M., History of syphilis. *CID* 40: 1454−1463. 2005

[15] Fraser, C. M., Norris, S. J., Weinstock, G. M., White, O. et al., Complete genome sequence of Treponema pallidum, the syphilis spirochete. *Science* 281: 375−388. 1998

[16] Harper, K. N., Ocampo, P. S., Steiner, B. M. et al., On the origin of the Treponematoses: A phylogenetic approach. *PLoS Neglected Diseases* 2, e148. 2008

[17] See n. 11 of this chapter.

[18] Pollitzer, R., in *Cholera*, p. 18. WHO monograph: 1959

[19] De, S. N., in *Cholera, its Pathology and Pathogenesis*, pp. 10−11. Oliver and Boyd: 1961

[20] Faruque, S. M., Bin Naser, I., Islam, M. J., et al., Seasonal epidemics of cholera inversely correlate with the prevalence of environmental cholera phages. *Proc Natl Acad USA* 102: 1702−1707. 2005

[21] Siddique, A. F., Salam, A., Islam, M. S., et al., Why treatment centres failed to prevent cholera deaths among Rwandan refugees in Goma, Zaire. *The Lancet* 345: 359−361. 1995

[22] Markel, H., in *When Germs Travel*, p. 201. Pantheon Books: 2004

第六章 饥荒与毁灭

[1] Zuckerman, L., in *The Potato: from the Andes in the sixteenth century to fish and chips, the story of how a vegetable changed history*, p. 19. Macmillan: 1999

[2] Ibid., p. 31

[3] Large, E. C., in *The Advance of the Fungi*, p. 24. Jonathan Cape: 1940

[4] Ibid., p23

[5] Zuckerman, L., in *The Potato: from the Andes in the sixteenth century to fish and chips, the story of how a vegetable changed history*, p. 187. Macmillan: 1999

[6] Large, E. C., in *The Advance of the Fungi*, p. 13. Jonathan Cape: 1940

[7] Zuckerman, L., in *The Potato: from the Andes in the sixteenth century to fish and chips, the story of how a vegetable changed history*, p.186. Macmillan: 1999

〔 8 〕 Ibid., p. 189

〔 9 〕 Ibid., p. 190

〔 10 〕 Large, E. C., in *The Advance of the Fungi*, p. 34. Jonathan Cape: 1940

〔 11 〕 Zuckerman, L., in *The Potato: from the Andes in the sixteenth century to fish and chips, the story of how a vegetable changed history*, p. 191. Macmillan: 1999

〔 12 〕 Large, E. C., in *The Advance of the Fungi*, p. 38. Jonathan Cape: 1940

〔 13 〕 Zuckerman, L., in *The Potato: from the Andes in the sixteenth century to fish and chips, the story of how a vegetable changed history*, p. 188. Macmillan: 1999

〔 14 〕 Ibid., p. 194

〔 15 〕 Ibid., p. 198

〔 16 〕 Large, E. C., in *The Advance of the Fungi*, p. 38. Jonathan Cape: 1940

〔 17 〕 Ibid., p. 20

〔 18 〕 Berkley, M. J., Observations, botanical and physiological, on the potato murrain. *J Hortic Soc Lond* 1: 9−34. 1846

〔 19 〕 Large, E. C., in *The Advance of the Fungi*, p. 27. Jonathan Cape: 1940

〔 20 〕 Ibid., p. 40

〔 21 〕 Ibid., p. 20

〔 22 〕 McLeod, M. P., Qin, X., Karpathy, S. E. et al., Complete genome sequence of *Rickettsia typhi* and comparison with sequences of other Rickettsiae. *J Bact* 186: 5842. 2004

〔 23 〕 Zinsser, H., in *Rats, Lice and History*, pp. 161−164. Blue Ribbon Books, Inc: 1934

〔 24 〕 McDonald, P., in *Oxford Dictionary of Medical Quotations*. Oxford University Press: 2004

〔 25 〕 McNeill, W. H., in *Plagues and Peoples*, p. 278 Anchor Books: 1976

〔 26 〕 Daniels, T. M., The impact of tuberculosis on civilization. *Infect Dis Clin N Am* 18: 157−165. 2004

〔 27 〕 Brosch, R., Gordon, S. V., Marmiesse, M. et al., A new evolutionary scenario for the *Mycobacterium tuberculosis* complex. *Proc Nalt Acad Sci USA* 99: 3684−3689. 2002

〔 28 〕 See n. 26 of this chapter

第七章 对致命伴侣的揭秘

〔 1 〕 Duran-Reynals, M. L., in *The Fever Tree: the pageant of quinine*, pp. 34−35. W. H. Allen, London: 1947

〔 2 〕 <http://www. bbc. co. uk/history>

〔 3 〕 Bassler, B. L. and Losick, R., Bacterially Speaking. *Cell* 125: 237−246. 2006

〔 4 〕 Fenner, F., Henderson, D. A., Arita, I., Jezek, Z., Ladnyi, I. D., in *Smallpox and its Eradication*, pp. 252−253. World Health Organisation, Geneva: 1988

〔 5 〕 Hopkins, D. R., in *Princes and Peasants*, p.46. University of Chicago Press: 1983

〔 6 〕 Ibid., pp. 47−48

〔 7 〕 Ibid., p. 47

〔 8 〕 Halsband, R. New light on Lady Mary Wortley Montagu's Contribution to Inoculation. *J Hist Med and Allied Sciences* 8: 309−405. 1953

〔 9 〕 Hopkins, D. R., in *Princes and Peasants*, p. 50. University of Chicago Press: 1983

〔 10 〕 Ibid., p. 79

[11] Ibid., p. 85

[12] Ibid., p. 95

[13] Ibid., p. 80

[14] Fenner, F., Henderson, D. A., Arita, I., Jezek, Z., Ladnyi, I. D., in *Smallpox and its Eradication*, pp. 264−265. World Health Organisation: 1988

[15] Alibek, K., in *Biohazard*, p. 261. Hutchinson: 1999

[16] Fleming, A., On the antibacterial action of cultures of a penicillium, with special reference to their use in isolation of *B influenzae*. *Brit J Exper Path* 10: 226−236. 1929

[17] Macfarlane, G., in *Alexander Fleming: the man and the myth*, p.130. The Hogarth Press: 1984

[18] Ibid., p. 164

[19] Chain, E., Florey, H. W., Gardner, A. D. et al., Penicillin as a chemotheraoeutic agent. *The Lancet* ii: 226−228. 1940

[20] Macfarlane, G., in *Alexander Fleming: the man and the myth*, p. 178. The Hogarth Press: 1984

第八章　反　击

[1] Coale, A. J., The history of the human population, in *Biological Anthropology* (readings from Scientific America), ed. Katz, S., pp. 659−670. W. H. Freeman & Co., San Francisco: 1075

[2] Heeney, J. L., Dalgleish, A. G.,Weiss, R. A., Origins of HIV and the evolution of resistance to AIDS. *Science* 313: 462−466. 2006

[3] Avasthi, A., Bush-meat trade breeds new HIV. *New Scientist* (7 August): 8. 2004

[4] Reed, K. D. J. W., Melski, MB., Graham et al., The detection of Monkeypox in humans in the Western hemisphere. *New Engl J Med* 350: 342−350. 2004

[5] See n. 3 of this chapter

[6] McMichael, T., in *Human Frontiers, Environments and Disease: past patterns, uncertain futures*, p. 95. Cambridge University Press: 2001

[7] Cliff, A. and Haggett, P., Time, travel and infection. *Brit med Bulletin* 69: 87−99. 2004

[8] Bradley, D. J., The scope of travel medicine, in *Travel Medicine: proceedings of the first conference on international travel medicine*, pp. 1−9. Springer Verlag: 1989

[9] Coghlan, A., Jet-setting mozzie blamed for malaria case. *New Scientist* (31 August): 9. 2002

[10] Newton, G. (ed.), In *Antibiotic Resistance an Unwinnable War?* p. 2. Wellcome Focus: 2005

[11] Ibid., p. 26

[12] Cohen, J., Experts question danger of 'AIDS superbug'. *Science* 307: 1185. 2005

[13] Gandy, M. and Zumla, A. (eds.), *The Return of the White Plague: global poverty and the 'new' tuberculosis*, p. 129. Verso: 2003

[14] Drug-resistant TB surveillance and response. Supplement global tuberculosis report. WHO 2014

[15] Garcia-Sastre, A. and Whitley, R. J., Lessons learned from reconstructing the 1918 influenza pandemic. *JID* 194 (Suppl. 2): ps127−s132. 2006

[16] Tumpey, T. M., Basler, C. F., Aguilar, C. F. et al., Characterisation of the reconstructed 1918 Spanish influenza pandemic virus. *Science* 310: 77−80. 2005

[17] Seo, S. H., Hoffmann, E., Webster, R. G., Lethal H5N1 influenza viruses escape host antiviral cytokine responses. *Nature Medicine* 8: 950−954. 2002

236

［18］Fauci, A. S., Emerging and re-emerging infectious diseases: influenza as a prototype of the host-   237
pathogen balancing act. *Cell* 124: 665—670. 2006

［19］Mackenzie, D., Animal apocalypse. *New Scientist* (13 May): 39—43. 2006

结 论 共存共荣

［1］ *Treating Infectious Diseases in a Microbial World*, Report of two workshops on novel antimicrobial
therapeutics p. 1. National Academies Press: 2006

延伸阅读

导 论

238 Abraham, Thomas, *Twenty-first century plague—The Story of SARS*. Johns Hopkins Press: 2004

Skowronski, D. M., Astell, C., Brunham, R. C. et al., Severe acute respiratory syndrome (SARS): a year review. *Annu. Rev. Med.* 56: 357–381. 2005

第一章 一切是怎样开始的

Cockell, C., *Impossible Extinctions*. Cambridge University Press: 2003

Dronamraju, K. R., *Infectious Disease and Host-Pathogen Evolution*. Cambridge University Press: 2004

Posgate, J., *Microbes and Man*. Pelican: 1976

第二章 我们的微生物遗传

Carter, R. and Mendis, K. N., Evolutionary and Historical Aspects of the Burden of Malaria. *Clinical Microbiology Reviews* 15: 564–594. 2002

Cohen, M. N., *Health and the Rise of Civilisation*. Yale University Press: 1989

T-W Fiennes, R. N., *Zoonoses and the Origins and Ecology of Human Disease*. Academic Press: 1978

239 Foster, W. D., *A History of Parasitology*. E.&S. Livingstone Ltd.: 1965

McNeil, W. H., *Plagues and Peoples*. Anchor Books: 1976

Maudlin, I., African trypanosomiasis. *Annals of Tropical Medicine and Parasitology* 100: 679–701. 2006

第三章　微生物的物种转移

Diamond, J., *Guns, Germs and Steel*. Vintage: 1998

T-W-Fiennes, R. N., *Zoonoses and the Origins and Ecology of Human Disease*. Academic Press: 1978

Gryseels, B., Polman, K., Clerinx, J., Kestens, L., Human schistosomiasis. *The Lancet* 368: 1106-1117. 2006

McNeill, W. H., *Plagues and Peoples*. Anchor Books: 1976

第四章　拥挤、污秽和贫穷

Benedictow, O. J., *The Black Death 1346-1353*. BCA: 2004

Hopkins, D. R., *Princes and Peasants*. University of Chicago Press: 1983

McNeill, W., *Plagues and Peoples*. Anchor Books: 1976

Marriott, E., *The Plague Race*. Picador: 2002

Orent, W., *Plague*. Free Press: 2004

Robinson, B., *The Seven Blunders of the Peaks*. Scarthin Books: 1994

Scott, S. and Duncan, C., *Return of the Black Death*. Wiley: 2004

第五章　微生物走向全球

Bryan, C. S., Moss, S. W., Kahn, R. J., Yellow fever in the Americas. *Infect Dis Clin N Am* 18: 275-292. 2004

Crosby, A. W., *The Colombian Exchange*. Greenwood Press: 1972

Hyden, D., *Pox: Genius, Madness and the Mysteries of Syphilis*. Basic Books: 2003

Pusy, W. A., *The History and Epidemiology of Syphilis*. C. C. Thomas: 1933

Sack, D. A., Sack, R. B., Nair, G. B., Siddique, A. K., Cholera. *The Lancet* 363: 223-233. 2004

Vinten-Johansen, P., Brody, H., Paneth, N., Rachman, S., Rip, M., *Cholera, Chloroform, and the Science of Medicine*. Oxford University Press: 2003

第六章　饥荒与毁灭

Daniels, T. M., The impact of tuberculosis on civilization. *Infect Dis Clin N Am* 18: 157-165. 2004

Gandy, M. and Zumla, A. (eds.), *The Return of the White Plague: global poverty and the "new" tuberculosis*. Verso: 2003

240

Large, E. C., *The Advance of the Fungi.* Jonathan Cape: 1940

Leavitt, J. W., *Typhoid Mary: captive to the public's health.* Beacon Press: 1997

Raoult, D., Woodward, T., Dumler, J. S., The history of epidemic typhus. *Infect Dis Clin N Am* 18: 127–140. 2004

Zuckerman, L., *The Potato: from the Andes in the sixteenth century to fish and chips, the story of how a vegetable changed history.* Macmillan: 1999

第七章　对致命伴侣的揭秘

Alibek, K., in *Biohazard.* Hutchinson: 1999

Hopkins, D. R., in *Princes and Peasants.* University of Chicago Press: 1983

Macfarlane, G., in *Alexander Fleming: the man and the myth.* The Hogarth Press: 1984

第八章　反　击

Gandy, M. and Zumla, A. (eds.), *The Return of the White Plague: global poverty and the "new" tuberculosis.* Verso: 2003

Emerging infectious diseases. *Nature Medicine* 10 (supplement). 2004

The Lancet 367: 875–858. 2006

McMichael, T., in *Human Frontiers, Environments and Disease: past patterns, uncertain futures.* Cambridge University Press: 2001

Nature Outlook. supplement, *Malaria the Long Road to a Healthy Africa.* 2004

索 引

[页码为英译本页码，即中译本边码]

译后记

——从命运共同体的视角
审视人类与微生物的关系

　　微生物是世界上最小且数量最多的物种，它们广泛分布在自然界中，例如细菌、真菌、病毒、立克次体、衣原体、支原体、单细胞藻类、原生动物等。微生物与人类关系密切，难舍难分。一方面，微生物是人类亲密的伴侣，环境中无时无刻不存在着微生物，人类的肠道中含有大量的有益微生物能够帮助促进消化，人类的免疫系统也是得益于微生物而逐步建立起来的；另一方面，微生物又是人类致命的隐形杀手，一些病原微生物（也称病毒）能够引起疾病，这些致命的杀手会危害人体健康，甚至可以夺走生命，成为人类最为强劲的对手之一。病毒作为人类"隐形的敌人"（invisible enemy），不仅看不见、摸不着，而且太过"狡猾"和善变，它们不断地变异，让人类的免疫系统难以应对，疫苗研究的步伐永远跟不上病毒变异的速度。"同人类争夺地球统治权的唯一竞争者就是病毒。"诺贝尔奖获得者莱尔德堡格如是说。

　　一个是地球上数量最多的物种，另一个是拥有最高智力并全面主宰这个星球的物种，微生物与人类之间形成了亲密而又致命的关系，这种复杂微妙的关系被著名微生物学家、英国爱丁堡大学医学微生物学荣休教授多萝西·H. 克劳福德形象地比喻为"致命的伴侣"（deadly companions）。克劳福德长期致力于研究以各种病毒为代表的微生物，先后著有《隐形的敌人》（2000年）、《搜寻病毒》（2013年）、《癌症病毒》（2014年）和《埃博拉：杀手病毒传略》（2016年）等科普读物，她的《致命的伴侣：微生物如何塑造人类历史》一书是其中的佼佼者，该书初版于2007年，再版于2018年，对微生物与人类之间的复杂关系尤其是微生物如何塑造人类历史进行了系统全面的研究。

长期以来，有关微生物的历史是传统史学研究中被忽略的对象。该书主张将微生物的历史纳入史学研究范畴之中，强调微生物以超乎想象的方式塑造了人类历史，尤其是病原微生物直接干预了人类文明的进程，在人类每个关键性的转折（从狩猎采集者到农民再到城市居民）中发挥了至关重要的作用。全书内容共分八章，以地球诞生以来的时间演进为线索，围绕微生物如何影响和塑造人类历史这条主线，讲述了两者之间关系从史前时代到21世纪的不可思议的演进历程。全书从40多亿年前地球的起源开始，到15万至20万年前人类在非洲的出现，再到1万年前农业文明的诞生以及1000年前欧洲文明的崛起、500年前微生物的全球扩张以及微生物对粮食作物的侵害，最后到150年前人类对微生物的揭秘和最近50年微生物的反击。作为从人类由类人猿进化而来起就一直与人类共存的微生物，它深刻地参与了人类文化演进，尤其通过引发流行病造成了人类的重大伤亡，抑制了人口增长，影响了文明进程，从而塑造了人类历史。

在大历史视野的指导下，该书深刻揭示了微生物是如何反复介入人类历史并发挥关键作用的；它展现了影响人类的微生物是如何产生、传播和变异的；还关注了人类是如何发现、认识和应对微生物，以及微生物是如何开展反击的。该书研究了许许多多改变人类历史进程的微生物，例如疟原虫、锥虫、麻疹病毒、鼠疫杆菌、梅毒螺旋体、霍乱弧菌、马铃薯致病疫霉菌、普氏立克次体、伤寒杆菌、结核分枝杆菌等；这些病原微生物导致的传染病，例如疟疾、昏睡病（锥虫病）、麻风病、血吸虫病、鼠疫、天花、黄热病、梅毒、雅司病、霍乱、马铃薯枯萎病、斑疹伤寒、伤寒、结核等；及其使用的载体，例如蚊虫、采采蝇、老鼠、跳蚤、虱子等。而且，还重点分析了微生物如何反复利用贸易、战争、贫穷、旅行等各种历史机遇发展自身，导致人类文明在取得进步的同时增加了传染病负担："纵观人类的历史，病原微生物一直在利用我们的文化变迁，将每一场变迁转变成对它们自己有利的条件。"为了抑制微生物的肆虐，医学在此过程中发展起来，人类在抗击微生物过程中取得了不小的成就，例如发明了天花接种、疫苗接种、抗生素（磺胺类、青霉素）等，根除了困扰人类许多个世纪的天花病毒。尽管现代医学取得了长足的进步，但微生物及其导致的流行病仍是尚未解决的难题。更重要的是，由于人类活动的迅猛扩张招致了微生物的反击，耐甲氧西林金黄色葡萄球菌（MRSA）、耐多药结核病等耐药性微生物接连出现。当前，许多新兴的微生物搭乘全球化的顺风车以前所未有的频率出现，例如流感、埃博拉、HIV、SARS等病毒，给全球社会的未来前景蒙上了一层阴影。总之，人类与微生物之间的较量是一份难以划上句号的答卷。

人类无时无刻不处在微生物的包围之中，微生物的历史变迁可以折射人类文明演进的曲折进程，可以说人类发展史也是一部病毒抗争史。该书指出，微生物在人类历史中从未缺席，并且几乎是全方位地发挥着作用，只不过在漫长的历史里，由于技术条件和相关知识的局限，人类未能认识到它们的存在及其发挥的巨大作用。各个古代文明（埃及、两河、希伯来、中国、印度等）都不同程度地保留了对瘟疫（作为病原微生物的外在体现）的文献记载，尽管对导致瘟疫的内在机制缺乏了解；但可以说，大瘟疫反复地改变了人类历史进程，它在人类的苦难记忆中留下了深深的烙印。例如，公元前430年的雅典瘟疫使古希腊文明走向衰落，公元166年的安东尼瘟疫停止了罗马帝国的扩张步伐，542年的查士丁尼瘟疫则阻止了帝国的复兴；而1348年前后由鼠疫杆菌引发、继而席卷欧洲的黑死病，夺去了当时三分之一左右欧洲人的生命，并沿着跨越欧亚大陆的贸易线路在旧大陆继续肆虐，成为人类历史上第一场真正意义上的全球性大流行。地理大发现后，病菌和微生物（例如天花、白喉、麻疹等）无意间成为欧洲殖民者征服美洲的生化武器。在短短120年间，90%的美洲原住民人口被消灭。同样，传染病也没有放过欧洲社会，16至18世纪流行于欧洲的天花使许多王室家族遭到了灭顶之灾。

换个角度看，一部人类的历史，也是人类与微生物之间相互影响、彼此竞争的历史。人类文明的过分扩张，挤压了微生物的活动空间，使得人类与致病微生物的接触机会大大增加，后者以流行病的形式对人类进行"报复"。该书强调，尽管微生物似乎显得很有创造力和操纵力，但它们实际上并没有恶意预谋的能力，人类中间出现的流行病，许多情况下只是致病微生物的副作用，而人类的拥挤、贫穷、不卫生的条件助长了它们的滋生和肆虐。恩格斯曾指出，"我们不要过分陶醉于我们人类对自然界的胜利。对于每一次这样的胜利，自然界都对我们进行报复"。虽然人类是有史以来地球上最成功的物种，几乎占据了每个生态位，并借助技术对自然实现了全方位的征服，但这并不意味着人类的胜利。相反，人类对微生物空间的过分侵占，激起了微生物的报复。其结果是，微生物以流行病的形式反作用于人类，人类由此深受疫情之苦。从某种程度上说，微生物及其导致的传染病是对现代文明的警示，它时刻提醒着人们，人类所取得的惊人成功是以惨痛的血泪为代价的。

该书的主要创新和重要贡献是，以命运共同体的视角审视人类与微生物之间的关系。克劳福德以其特有的大历史视野，将微生物与地球、人类三者的历史有机结合起来，置于一个相互影响、共存共荣的生态系统中加以研究，不再是单纯以人类为中心，而是充分考虑了微生物和其他物种的视角。该书着重探讨了微生物的多变性和适应性，并将这些特性与人类的全球化进程联系起来。随着全球化进程加速，各个地区之间的联系越来越密切，不同地区的微生物之间也发生了交换，从而使一些地方性微生物走向了全球。可以说，在全球化时代的今天，许多新兴微生物的出现、传播和变异充分利用了全球化的条件，比如贫穷、国际旅行、不平等秩序，然而，人类似乎还没有做好团结抗击微生物的准备。正如该书指出的，"（全球化时代的）微生物已经迅速利用了我们的全球社会，但不幸的是，我们还没有想出控制它们的全球解决方案"。

这种命运共同体意识的根本体现是，全球疫情需要全球社会的合作应对。身处地球村时代，流行病绝非是某一个国家或少数国家的事情，它是一个全球公共卫生事件，必须以命运共同体的意识审视人类自身以及人类和微生物之间的关系。正如克劳福德在全书结尾强调的，人类一直被微生物这个致命的伴侣看作一个全球共同体。因为微生物没有国家的概念，也不尊重国家的边界。在微生物看来，人类都是一样的，它们对人类的攻击完全是不加区分的，并不分中国人、美国人、意大利人、澳大利亚人、非洲人或者是其他人。

本书的翻译缘起于商务印书馆上海分馆总编辑鲍静静女士的邀约；起初，对于翻译这本涉及众多学科的著作我存在过犹豫，但鲍老师在通话中说"这本书你看了就会有翻译的冲动"，她诚挚的邀请和热情的鼓励打消了我的顾虑。李彦岑、朱健两位编辑为本书的出版付出了许多心血，尤其与朱健老师再度携手合作，其专业、严谨、细致的工匠精神为译文的质量提供了重要保障；在医院从事公共卫生工作的王鸟以其专业的知识阅读了翻译初稿，给予了许多公共卫生和流行病学方面的帮助。此外，还有许多亲人、师友多年来持续给予我帮助和鼓励，在此无法一一提及，你们的帮助和支持我都铭记在心，是伴随我一路前行的强大动力。在2020年这个足以载入史册的春天里，一场突如其来的疫情打断了所有预计的安排，我和朋友们经常调侃某句网络流行语，"2020年又过去了多少天，啥事也没干，光见证历史了"。于我个人而言，在这个见证历史的特殊时期翻译这本探讨微生物与人类历史之间关系的著作，无疑也是见证和纪念这段历史的另一种特殊方式，期待本书的出版可以为中国读者更好地理解微生物与人类这对致命伴侣之间的复杂关系竭尽绵薄之力。

最后可以借用杰里米·布朗在《致命流感：百年治疗史》结尾的话："我们纪念战争，但其他极具破坏性的事件也应留置于我们的集体记忆中。我希望……建造一座1918年流感大流行纪念碑，以纪念我们遭受的损失、反思我们所取得的成就，并提醒我们还有很多事情需要去做。这个世纪是灾难、自然灾害、世界大战、疾病以及冲突不断的世纪，也是一个大规模扩张、融合、全球化、技术突破和取得医疗成功的世纪。流感大流行说明了这两个问题。人们的身体处于危险之中，而大脑仍停留在舒适区。这是人类的失败，也是人类的胜利。"诚哉斯言。现代人最大的危机莫过于，身体处于现代而头脑仍处于前现代，身处危险之中而全然不知危险正在逼近。在这个充满不确定的全球化世界里，需要追问的是，我们的思想、我们的知识、我们的团结是否为防范和控制当前以及下一次到来的大流行做好了准备？

艾仁贵

2020 年 6 月 28 日于开封

"二十世纪人文译丛"首批出版书目

"二十世纪人文译丛·文明史"系列出版书目

图书在版编目（CIP）数据

致命的伴侣：微生物如何塑造人类历史／（英）多萝西·H.克劳福德著；艾仁贵译. — 北京：商务印书馆，2020
（2022.1重印）

（二十世纪人文译丛）

书名原文：Deadly companions: How microbes shaped our history

ISBN 978－7－100－18993－4

Ⅰ.①致… Ⅱ.①多…②艾… Ⅲ.①微生物—关系—世界史—研究 Ⅳ.①Q939②K107

中国版本图书馆 CIP 数据核字（2020）第163547号

致 命 的 伴 侣

微生物如何塑造人类历史

〔英〕多萝西·H.克劳福德 著

艾仁贵 译

商 务 印 书 馆 出 版

（北京王府井大街36号 邮政编码 100710）

商 务 印 书 馆 发 行

山 东 临 沂 新 华 印 刷 物 流

集 团 有 限 责 任 公 司 印 刷

ISBN 978－7－100－18993－4

2020年11月第1版 开本 640×960 1/16

2022年1月第2次印刷 印张 14¼

定价：58.00元